江南文化盛宴

袁伟放 著

古吴轩出版社

苏州市职业大学石湖智库项目成果
江苏省社科应用研究大运河（江苏段）文旅融合协同创新基地项目成果

图书在版编目（CIP）数据

江南文化盛宴 / 袁伟放著. -- 苏州 : 古吴轩出版社, 2022.11
ISBN 978-7-5546-1872-1

Ⅰ. ①江… Ⅱ. ①袁… Ⅲ. ①饮食－文化－介绍－华东地区 Ⅳ. ①TS971.202.5

中国版本图书馆CIP数据核字(2022)第034664号

责任编辑：戴玉婷
装帧设计：韩桂丽
责任校对：鲁林林
色彩管理：殷文秋

书　　名：江南文化盛宴
著　　者：袁伟放
出版发行：古吴轩出版社
地址：苏州市八达街118号苏州新闻大厦30F
电话：0512-65233679　　邮编：215123
印　　刷：苏州恒久印务有限公司
开　　本：787×1092　1/16
字　　数：77千字
印　　张：12.25
版　　次：2022年11月第1版
印　　次：2022年11月第1次印刷
书　　号：ISBN 978-7-5546-1872-1
定　　价：180.00元

袁伟放

“江南文化盛宴”编委会

主　　编：袁伟放

副 主 编：吴　隽

编　　委：袁伟放　吴　隽　方向阳　房袁佳

冷桂军　冷　超　周晓华

技术支持：苏州市玉屏客舍会议中心江南文化宴研发团队

序一

江南福地，太湖之滨，人文胜迹，苏州为胜，被誉为人间天堂。自草鞋山、赵岭山遗址考古发掘看到，我们的先民就在这方土地上生活、耕作，并创造出了灿烂的农耕文化。可喜的是，随着历史长河的奔腾向前，江南文脉在此生生不息，延绵不断。直到近代，根植于吴地的苏作苏工、吴门画派、昆剧园林，更是江南文化的翘楚。

苏帮菜是江南文化的饮食代表。源于苏州河网航行船上的船菜，随着吴地经济水平的不断提升，逐渐发展成国内闻名的一大特色菜系，与苏州古城同龄而生。它用料上乘、鲜甜可口、讲究火候、浓油赤酱，属于“南甜”风味。它不仅选料严谨，制作精细，更是因材施艺，四季有别，不时不食，烹调技艺以炖、焖、煨著称，重视调汤，保持原汁。清代，由于丝绸、棉纺和手工业的高速发展，苏州的餐饮业也有了较好的发展，名店有白堤老店、山景园酒楼、松鹤楼等，苏帮菜日益兴盛，名闻天下。沈朝初词云：“苏州好，酒肆半朱楼。迟日芳樽开槛畔，月明灯火照街头。雅坐列珍羞。”直到现代，陆文夫老先生的名作《美食家》，也为我们生动地描述了现代苏帮菜的丰富内涵。

苏州市委认真学习习近平总书记视察江苏的系列重要讲话，努力打造“苏州制造”和“江南文化”两个城市品牌，在传承、弘扬苏州传统文化的基础上，建设以“运河十景”为核心的大运河文化园，全面展示苏州农耕、手工业、餐饮和全域旅游的成果。实施苏州古城的保护和更新，建设“苏作馆”，来展示当代苏州工匠艺术精品，推动“百馆百园”之城的建设，彰显了苏州作为首批中国历史文化名城的特色，使苏州成为江南文化的弘扬者和引领者。

苏州市职业大学和苏州市玉屏客舍会议中心江南文化主题宴研发团队携手合作，以苏帮菜为核心，融合山水文化，研发推出了“江南文化盛宴”，涉及运河宴、工匠宴等十套宴席和一套沉浸式江南文化主题宴之昆宴，并结集出版，真可谓是弘扬苏州餐饮文化的盛举，值得点赞。

王鸿声

苏州市人大常委会副主任

2021年8月

序二

“何以最江南，君到姑苏见。”苏州，作为有着2500多年历史的中国历史文化名城和“世界遗产典范城市”，拥有2项世界文化遗产、6项世界非物质文化遗产，以及“园林之城”“手工艺与民间艺术之都”等美誉。2020年底，苏州成功入选首批国家文化和旅游消费示范城市，苏州文旅消费强势进阶“国家级”标杆。2021年，苏州出台《“江南文化”品牌塑造三年行动计划》，三年间持续推进“江南文化”品牌塑造十大工程，在“江南文化”的挖掘与研究、展示与呈现、转化与发展、传播与推广上下功夫。

苏州的美食文化源远流长，历经千年而沉淀下来的美味及其做法，具有鲜明的江南文化地域特色。“不时不食”的饮食传统，不仅象征着苏州人的精细饮食精神，更代表着“天人合一”的苏式美食法则。遵循着这样的传统，苏州市玉屏客舍会议中心江南文化主题宴研发团队一直积极参与“江南文化”品牌塑造行动，以餐饮菜肴为媒，深入挖掘江南文化的内涵，根据不同食材、不同烹饪方式，精心研发并推出了10款江南文化主题宴和1款沉浸式江南文化主题宴，分别是太湖晴霓宴、玉屏秀野宴、玉屏雪花宴、玉屏梨花宴、玉屏桃花宴、玉屏山泉宴、苏作工匠宴、姑苏十景宴、运河十景宴、江南文化宴和主题宴之昆宴，用匠心餐饮将苏州人生活的精致典雅及人文姑苏的独特魅力娓娓道来。

以精益求精和追求极致的匠心精神来评价苏州市玉屏客舍会议中心总经理袁伟放及其团队一点也不为过。他们全力做了三件事：一是以餐饮文化的特色创建，持续提升酒店管理品牌的核心竞争力。江南文化主题宴的研发初心旨在与食客建立更深层次的文化内需关联，在感官、思想、心灵和精神上形成共鸣，以满足食客对物质生活、文化生活的双重要求。二是以产教融合的协同育人方式，持续提升校企合作的人才培养质量。苏州市玉屏客舍会议中心江南文化主题宴研发团队和苏州市职业大学、苏州石湖智库等深度合作，在专业共建、师资培训、科研项目合作、实习实训就业、职业技能培训等方面促进教育链、人才链与产业链、创新链的有效衔接。三是以文旅融合的集聚动能，持续提升餐饮文化的创造性转化和创新性发展。江南文化主题宴的研发成果是在运用全新的文创思维，将其打造成为跨界生活美学体验空间，这既是餐桌上五感经验的延伸，也是品牌美学的传达，从而吸引更多注重产品品质和体验度的食客。

江南水乡、烟雨画桥、流水潺潺、吴侬软语、粉墙黛瓦、亭台楼阁……岁序更替，时间沉淀，给予江南不一样的气质与底蕴。吴侬软语配佳人，这如梦如幻的底蕴，亦在一方宴席。《江南文化盛宴》一书的诞生，是酒店餐饮与文化传播相结合的一次“正确打开方式”，是通过品牌定位、文化叙事、菜品特色和制作工艺等给食客“讲”故事。它们是江南文化无声的传播者，只要体验，食客便能“听懂”。衷心祝愿苏州市玉屏客舍会议中心在“双循环”新发展格局下，继续着力江南文化主题宴的推陈出新，继续创建江南文化特色服务酒店，为酒店“增颜值”，为地方“提气质”，进一步融入长三角一体化高质量发展，助力新时代“江南文化”品牌建设！

曹毓民
苏州市职业大学校长
2021年8月

序 三

江南自古饮食文化发达。这要追溯到远古的稻作文化，在苏州草鞋山遗址、浙江余姚施岙遗址均发现了大规模史前古稻田，起源年代早至距今6000年以上，大大领先于其他地区。这为江南人类文明的发展打下了最重要的基础，那就是对生命的保障。此后，江南的饮食文化就由富足向精美进发。到公元前515年，吴公子光乘吴楚战争内部空虚之时，以宴请为名，令专诸藏剑于鱼腹之中而一举刺杀了吴王僚。行刺之前，专诸专事烹鱼三月，练就了高超的烹饪技艺。这也说明2500年前的江南就开始享受美食美味且具备了很高的水平。最让江南名扬天下的当推“莼鲈之思”，《晋书·张翰传》记载：“翰因见秋风起，乃思吴中菰菜、莼羹、鲈鱼脍，曰：‘人生贵得适志，何能羁宦数千里以要名爵乎！’遂命驾而归。”陆文夫在《姑苏菜艺》里说：“这位朋友不是因莼鲈之思而归故里，竟然是为了吃青菜而回来的。”想想也是，烹鱼的手艺早在春秋时期就已成熟，张翰对鱼连同对青菜的美好味觉体验被记忆不断强化从而战胜了做官的欲望，成就了一个著名典故，并为汉语贡献了一条以江南食材命名的常用成语。所以，江南是美食之乡，具有高度发达的饮食文化，是从追求生命的延续到讲究自己生活质量的努力付诸实践的体现。

饮食文化丰富了江南文化。以苏州为代表的江南文化，其主要特点就是精致、精美。一座园林，不管是设计还是建造，不管是叠山还是理水，不管是房屋还是树木，都是骇人的精致；一折昆曲，举手投足恰到好处，歌喉一展莺声燕语，水袖轻甩撩人心旌……所以饮食自然也是这个文化体系的一个构成部分。《论语·乡党》讲“食不厌精，脍不厌细”，在江南尤其在苏州是体现得最好、最到位的。单举一个吃面的小例子，曾经一度是“南人饭米，北人饭面”。面食自宋建炎始，北人南迁，面入江南，这面就改变了吃法。北方吃面以充饥为目的，讲究饱而不饿，面形粗粝犷远。而在江南，吃面则逐渐讲究软、糯、韧，也讲究劲道、火候、外形、汤水、滋味。特别是江南菜蔬丰盛，水产品众多，于是广取智慧，使面的浇头五花八门、层次繁复，让人眼花缭乱。江南吃面就再也不和北方吃面相同，可谓完全江南化，融入江南，变成江南文化的一部分。面已至此，更况菜肴，江南菜肴的制作更让人艳羡不已，叹为观止。

今天我们看到的《江南文化盛宴》一书就是最好明证。袁伟放团队以文化的自觉对待每一个宴席与菜品，首要的是继承与创新。不创新则守旧，不继承传统则是无本之木、无源之水。他们以吴文化、江南文化为内核来创设和改进，紧紧扣住文化这一条主线，把江南文化中的历史变迁、山川湖海、名人故事、园林经典、戏曲表演、书法绘画、宗教民俗等每一项都深深地融入他们的饮品、食品、菜品中，个个生动形象，真正活色生香，让每一次制作都成为精心的创作。客人的每一次光顾享受的都是文化盛宴，每一次消费也都是文化的消费与文化的享受。从某种意义上来讲，袁伟放他们的工作和努力就是对丰富和发展江南文化做自己力所能及的贡献。

是为序。

宋桂友

苏州市职业大学教授

江南文化研究院院长

2021年8月

目录

太湖晴霓宴

王穉登马湘兰，情深缘浅夏聚太湖

玉屏山，原名玉遮山。据明朝宰相王鏊《姑苏志》所记："玉遮山，在阳山之南，横列如屏。今但呼为遮山。"此山自古便是吴中一等幽静之地，元末明初苏州文人高启曾有诗云："松头急风回，飞雨不到面。何处豁清愁，千山一人见。"

玉屏山绿水翠屏的独特景色，历来便为无数文人所青睐。《吴都文粹续集》中就有"宋雍国虞公孙夷简、曾成夫皆居遮山"的记载，择地隐居于此者大有人在。为人所熟知的明代著名文学家、书法家王穉登便也是其中之一。

王穉登（1535—1612），字伯穀、百穀，号玉遮山人、偈长者、青羊君、广长庵主、广长阁主、松坛道人、松坛道士、长生馆主、解嘲客卿，生于江阴（今江苏江阴），后移居苏州玉遮山。四岁能属对，六岁善擘窠大字，十岁能诗，长益骏发，名满吴会。王穉登曾拜名重当时的"吴郡四才子"之一的文徵明为师，入"吴门派"。文徵明逝后，王穉登振华后秀，重整旗鼓，主词翰之席三十余年。嘉靖、隆庆、万历年间，布衣、山人以诗名者有十数人，然声华显赫，穉登为最。他的书法，真草隶篆皆能，人们争相收藏。后人称其为"吴门派"之后劲，也是"吴门派"末期的代表人物。"公安派"首领之一的袁宏道认为他的诗文"上比摩诘（王维），下亦不失储（光羲）、刘（长卿）"。

王穉登文思敏捷、著作丰硕，令文坛瞩目。他一生撰著的诗文有21种，共45卷。主要有《王百穀集》《晋陵集》《金阊集》《弈史》《丹青志》《吴社编》《燕市集》《客越志》等。其中，后四种被收录进《明

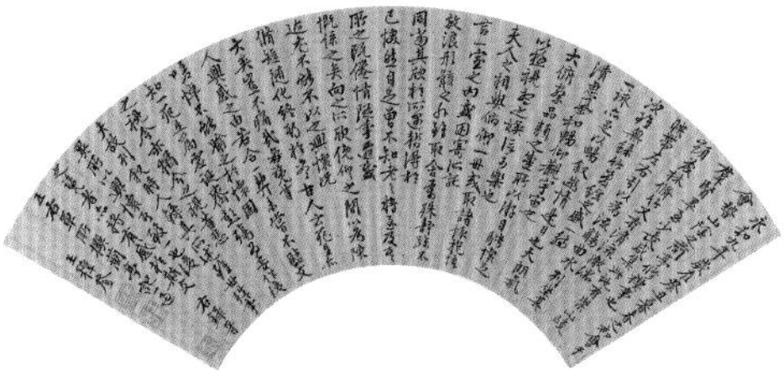

史·艺文志》,《弈史》被《四库存目》收录。同时,王穉登又是万历年间著名剧作家,著有传奇《彩袍记》《全德记》,在金陵剧坛颇有影响。

王穉登移居苏州太湖边玉遮山,因其在文坛的学识和地位,闽、粤之人过吴门者,虽贾胡穷子,必踵门求一见,乞其片缣尺素然后去。世传王穉登以隶书著称,明袁中道曾言其“隶书遒古,大胜真草”,但观其行书作品《兰亭集序》,实不在隶书之下。《兰亭集序》全篇俯仰映带,气脉连贯;笔意苍郁雄畅,变化多端;笔法方圆结合,随势就体,随体赋形,骨肉均匀。纵观整幅作品,具有舒展流畅的气势、寓巧于拙的用笔、内在挺劲的力感,使人感受到王穉登的行书不受传统成见的束缚,率真自然地将感情倾注于笔下,显示了明代尚势一派书法艺术的魅力。

王穉登中年从京城而出,途经金陵,结识了“秦淮八艳”之一的马湘兰。遇缘却不成姻,两人后来分居苏州、金陵两地,马湘兰也时常来苏州探望,享受玉遮山山林野趣,姻缘不在亲情在。当王穉登七十生日时,马湘兰抱病赶来苏州,并且出资为他举办了隆重的祝寿宴会,在玉遮山顶,眺望太湖美景,尽享湖鲜和山林美味,称“太湖晴霓宴”。因马湘兰常自比幽兰,故宴会以兰花为装饰。太湖晴霓宴也随着两人的故事流传至今。

菜单

吉庆有余	银鱼沙律卷
金玉满堂	虾籽鲜白鱼
好运连连	名酒醉籽虾
冰清玉洁	炝兰花茭白
吉祥如意	荠菜香百叶
福寿安康	爽口佛手瓜
热烈欢迎	美极三鲜虾
富贵有余	水晶鳜花鱼
才华横溢	晴霓六月黄
福禄双至	迷你葫芦鸭
笑口常开	菊花紫酥茄
有朋四海	乡间什锦蔬
三星报喜	莼菜三白汤
步步高升	乌米小方糕
圆圆满满	梅干菜酥饼
富足有余	玉屏太极饭

◎银鱼沙律卷

春后银鱼霜后鲈，远人曾到合思吴。

吉庆有余：『鱼』是『余』的谐音，因此，鱼有着吉庆有余的寓意。

◎虾籽鲜白鱼

三月桃花开江水，白鱼出水肥且鲜。

金玉满堂：『鱼』和『玉』同音，虾籽代表子孙满堂，寓意为一种美好的生活。

◎名酒醉籽虾

太湖白虾甲天下，熟时色润仍洁白。

好运连连：虾的身躯虽是弯弯的，却顺畅自如，一节比一节高，如竹节般，象征遇事好运连连。

◎炝兰花茭白

翠叶森森剑有棱，柔条松甚比轻冰。

冰清玉洁：茭白外表白白嫩嫩，像极了女子的纤纤臂弯，洁白无瑕。

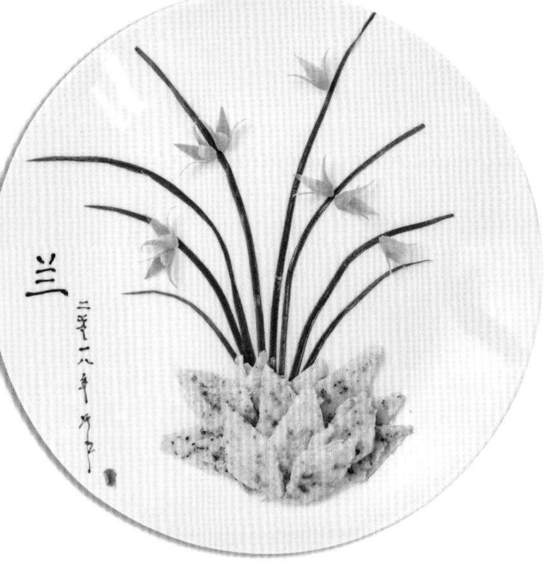

◎荠菜香百叶

冲风踏雪须归去，荠菜肥甜满口香。

吉祥如意：「荠」即「吉」，故名为「吉祥如意」。

◎爽口佛手瓜

得名佛手千金贵，结实仙瓜百只香。

——《七律·佛手瓜》岐阳子（2013年）

福寿安康：「佛」祈「福」，故名为「福寿安康」。

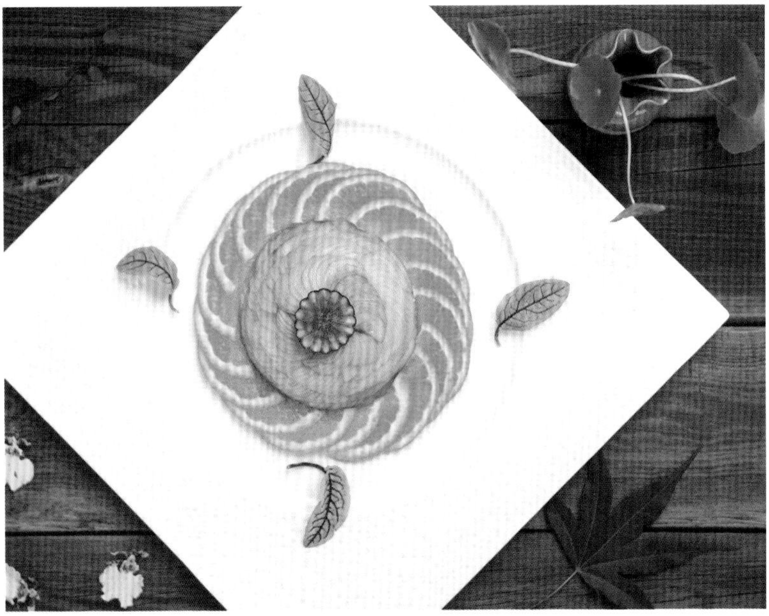

◎美极三鲜虾

曼舞招来天外鸟，徐行摇动水中星。

——《画虾诗》邓清泉（2008年）

热烈欢迎：苏州话「虾仁」谐音「欢迎」。

◎水晶鳜花鱼

西塞山前白鹭飞，桃花流水鳜鱼肥。

富贵有余：鳜鱼代表大富大贵、年年有余。

◎晴霓六月黄

威风八面朝天阙，舌剑唇枪论纵横。

才华横溢：螃蟹满腹才华，横走四方。

◎迷你葫芦鸭

竹外桃花三两枝，春江水暖鸭先知。

福禄双至：「葫芦」与「福禄」谐音，代表着幸福与富贵。

◎菊花紫酥茄

采采蔬枝垄上发，紫衣蝶裤舞芳华。

——《七绝·茄子新韵》江湖笑（当代）

笑口常开：发『茄子』音时嘴巴自然呈现出微笑状态，故名『笑口常开』。

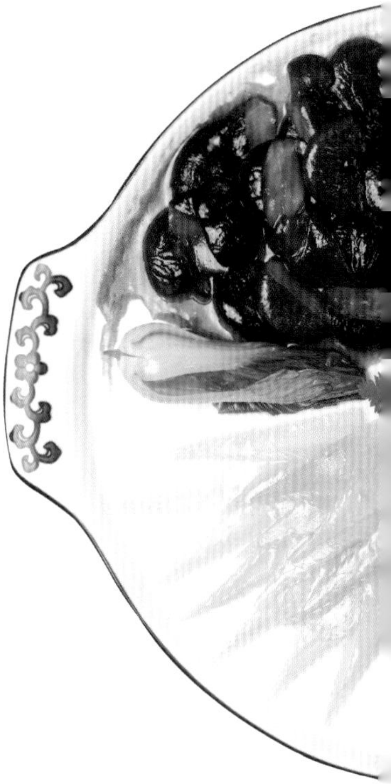

◎莼菜三白汤

三白把酒仙人醉，谁顾吴越弟子规。

三星报喜：三白比喻「福」「禄」「寿」三星。

◎乡间什锦蔬

霜余蔬甲淡中甜，春近灵苗嫩不蔹。

有朋四海：四种蔬菜代表有朋四海。

◎乌米小方糕

糕果盈前益自愁，那堪风雨滞刀州。

步步高升：「糕」即「高」，寓意为步步高升。

◎梅干菜酥饼

茶饼嚼时香透齿，水沈烧处碧凝烟。

圆圆满满：「圆圆」的饼，「满满」的馅，圆圆满满。

◎玉屏太极饭

水满田畴稻叶齐，日光穿树晓烟低。

富足有余：米象征食物，不仅包括通常意义上的食物，也包括精神食粮，所以代表着富足有余。

太湖晴霓宴

“见山不识山，借问山中人。玉遮亦深秀，翠色耸嶙峋。”玉屏山以秀丽的景色吸引着众多文人，而江南文化主题宴研发团队以历史人物为媒，选用当地时令特产进行精细制作，成就王穉登、马湘兰情深缘浅夏聚姑苏之意。品一席美食、创意与人文碰撞的盛宴！

玉屏秀野宴

吴宽秋日探亲赏花留佳肴

“秀野”一词缘出于故宫博物院所藏元代著名画家朱泽民的《秀野轩图卷》。根据史料记载，秀野轩主人周君景安居余杭山之西南，其背则倚锦峰之文石，面则挹贞山之丽泽，右则肘玉遮之障，左则盼天池之阪，双溪界其南北四山之间。余杭山并不在浙江余杭，而是在今苏州的大阳山、玉屏山和真山一带，因此秀野轩的位置在今天苏州高新区玉屏山附近。秀野轩自建成后，无数文人墨客留下了大量的诗词书画。为招待这些文人墨客，周景安邀请当时苏州的知名大厨打造了特色宴席，选用当地食材做出的苏州本帮菜，名扬四海。

吴宽（1435—1504），字原博，号匏庵，世称匏庵先生，直隶长洲（今苏州）人，明代名臣、诗人、散文家、书法家。成化八年（1472），吴宽在会试、廷试中均获第一，为苏州明朝第二位状元，后任翰林院修撰。吴宽曾侍皇太子朱祐樘，秩满进宫为右谕德，迁左庶子，参与修撰《宪宗实录》，进少詹事兼侍读学士，后官至礼部尚书，卒赠太子太保，谥号“文定”。他留下了77卷诗文集——《家藏集》，其中诗30卷，文40卷。

弘治八年（1495），吴宽升任吏部右侍郎。弘治十六年（1503），吴宽升任礼部尚书，仍任翰林学士、掌詹事府事。吴宽在玉遮山建屋建亭，号“玉亭主”。每年回苏探亲，吴宽都要回玉遮山小住一段时间。他是当时文学侍从之臣中声望最高的一位，和沈周、王鏊等交友颇深，经常邀请文人至玉遮山赏花作诗，尽享山林田园之趣。也为我们留下了诸多美味佳肴，其中很有名的就是这“玉屏秀野宴”了。

菜单

凤凰展翅	乡间卤味鸡
苦尽甘来	干切酱香肝
金玉满堂	醪糟鲜白鱼
财源广进	葱油邦邦藕
吉祥多福	卤水汁素几
恭喜发财	三色炝菜心
幸福美满	番茄河虾仁
节节高升	山林笋竹肉
平安顺畅	五彩蟹银环
团结友爱	苏式扣三丝
多子多福	玉遮葡萄鱼
吉祥长寿	盆景金秋菊
和谐友善	手折扇时蔬
鸿运当头	秀野云林鹅
团团圆圆	山泉雨花石
花开富贵	富贵提篮花
福寿延绵	如意菠菜面

◎乡间卤味鸡

亭上十分绿醑酒，盘中一味黄金鸡。

凤凰展翅：『鸡』俗称『凤凰』，凤凰象征展翅高飞，故名为『凤凰展翅』。

◎干切酱香肝

巳有长风千里志，亥为二首六身形。

苦尽甘来：『肝』与『甘』同音，取名『苦尽甘来』。

◎醪糟鲜白鱼

早起雀声送喜频，白鱼芳酒寄来珍。

金玉满堂：『鱼』与『玉』谐音，所以取名为『金玉满堂』。

◎葱油邦邦藕

藕花雨湿前湖夜，桂枝风澹小山时。

财源广进：『藕』在南方被说成『莲菜』，谐音『敛财』，表示发财富足的意思。

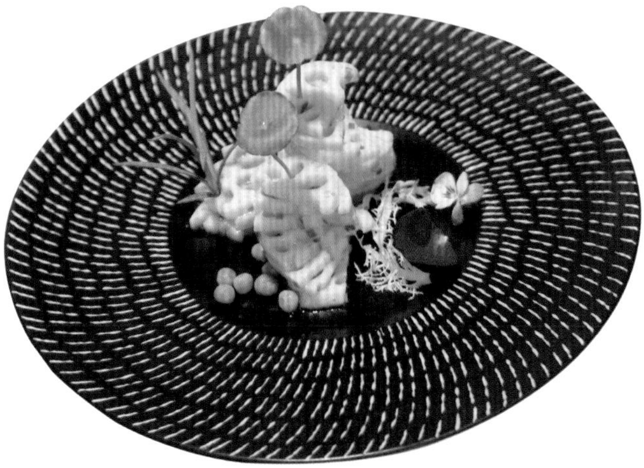

◎卤水汁素几

瓦缶浸来蟾有影，金刀剖破玉无瑕。

吉祥多福：「几」同「吉」谐音，素几原料为豆腐，豆腐寓意为多福，故名为「吉祥多福」。

◎三色炝菜心

盘堆青菜春回律，瓯泛琼珠月借神。

恭喜发财：「菜」与「财」谐音，所以取名为「恭喜发财」。

◎番茄河虾仁

曼舞招来天外鸟，徐行摇动水中星。

——《画虾诗》邓清泉（2008年）

幸福美满：番茄被誉为『爱的苹果』，象征着爱情与友谊。

◎山林笋竹肉

宜烟宜雨又宜风，拂水藏村复间松。

节节高升：竹子被称为『竹节』，一节比一节高，故名为『节节高升』。

◎五彩蟹银环

威风八面朝天阙，舌剑唇枪论纵横。

平安顺畅：银环似玉镯，玉镯又有『玉碎人平安』之说，因此取名为『平安顺畅』。

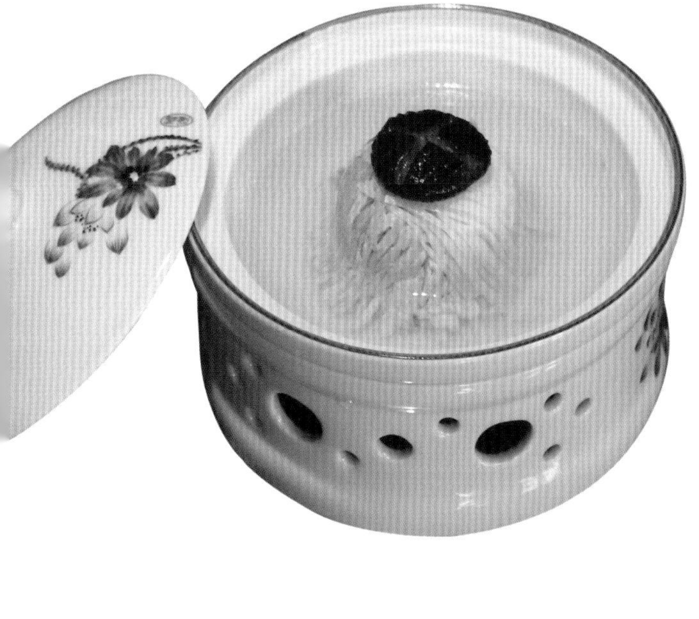

◎苏式扣三丝

霜蹄削玉慰馋涎，却退腥劳不敢前。

团结友爱：三丝层叠丝丝紧扣，寓意为团结友爱。

◎玉遮葡萄鱼

满架高撑紫络索，一枝斜亸金琅珰。

多子多福：葡萄多籽，多籽寓意为多子。

◎手折扇时蔬

霜余蔬甲淡中甜，春近灵苗嫩不蔹。

和谐友善：『扇』与『善』谐音，扇子也有『善良』『善行』的寓意。

◎盆景金秋菊

宁可枝头抱香死，何曾吹落北风中。

吉祥长寿：菊花具『养性上药，轻身延年』之功效，被誉为『十二客』中的『寿客』。

◎秀野云林鹅

房相西亭鹅一群，眠沙泛浦白于云。

鸿运当头：因鹅顶为红头，所以寓意为『鸿运当头』。

◎山泉雨花石

贵客钩帘看御街，市中珍品一时来。

团团圆圆：『汤圆』与『团圆』字音相近，取团圆之意，象征团团圆圆。

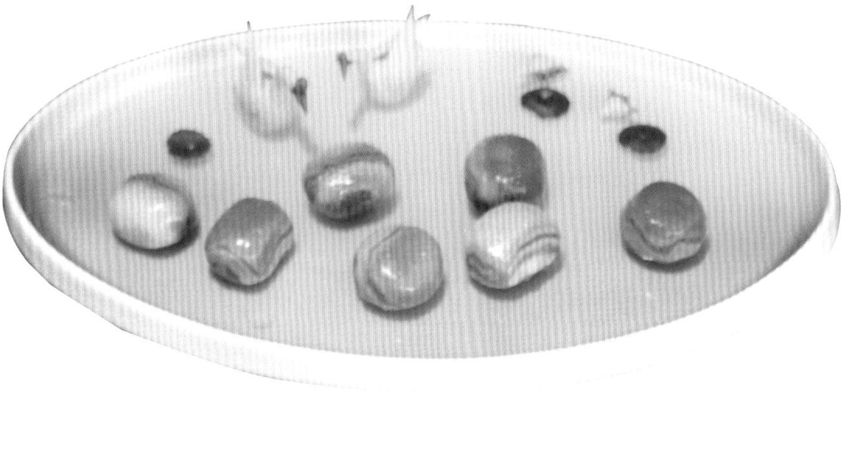

◎富贵提篮花

有此倾城好颜色，天教晚发赛诸花。

花开富贵：烧卖的形状像极了牡丹花，故取名为『花开富贵』。

◎如意菠菜面

龙须苒袅三千尺，鹤算恒昌八百年。

——《七律·安溪长寿面》佚名（2013年）

福寿延绵：『面』与『绵』为谐音，面又有长寿面之意，故名为『福寿延绵』。

玉屏秀野宴

追忆历史文化，有文人吴宽秋日探亲赏花留佳肴之典故。遥想文人在庭院中对弈，温暖的阳光洒在秀野轩中。客舍被玉屏山环抱着，秋叶烂漫，流水潺潺，研发团队携“秀野宴”进入大众视野，一鸣惊人！

玉屏雪花宴

汪琬踏雪寻梅巧遇雪花宴

汪琬（1624—1691），字苕文，号玉遮山樵，长洲（今江苏苏州）人，清初官吏学者、散文家，与侯方域、魏禧合称明末清初"散文三大家"。顺治十二年（1655）进士，康熙十八年（1679）举鸿博，历官户部主事、刑部郎中、编修，著有《尧峰文钞》《钝翁前后类稿、续稿》。

汪琬晚年隐居太湖边玉遮山，闭户撰述，不问世事。写下了"自入秋来景物新，拖筇放脚任天真。江山风月无常主，但是闲人即主人""隐隐清规吐远山，酒鎗茗碗颇相关。人间何处无风月，欠个闲人似我闲"。隐居期间，他时常约三五好友上山写诗论文。相传有一年冬天，大雪封山，他们在归途中迷了路，饥寒交迫之际偶然进入一个村子，村民们听说他们是苏州本地的文学大师，纷纷拿出自家的菜肴招待他们，"玉屏雪花宴"由此得名。

菜单

吉祥如意	玉屏喜洋洋
三星报喜	彩虹三色锦
节节高升	君子润如玉
年年有余	近朱者赤也
英姿飒爽	冬立美人菇
财源滚滚	物以稀为贵
富贵吉祥	牡丹竞开颜
金玉满堂	金鳞闹东海
勤勤恳恳	牛儿雪中欢
炫彩多姿	孔雀开玉屏
五福临门	明月照福门
阖家欢乐	幸福满全家
美丽纯洁	雪花水中映
财源广进	富贵聚满仓
银光闪闪	红梅裹银装
福寿延绵	丝丝情谊浓

◎玉屏喜洋洋

沙晴草软羔羊肥，玉肪与酒还相宜。

吉祥如意：羊在古代与『祥』相通，『祥』也可写作『吉羊』，表示吉祥之意，羊是祥瑞的象征。

◎彩虹三色锦

两个黄鹂鸣翠柳，一行白鹭上青天。

三星报喜：三色代表三星，所以取名『三星报喜』。

◎君子润如玉

大鹏一日同风起，扶摇直上九万里。

节节高升：莴笋破土而出，一节比一节高。

◎近朱者赤也

春意复苏人长寿，连年有余吉祥来。

年年有余：“鱼”和“余”同音，故名“年年有余”。

◎冬立美人菇

玉人何处倚栏杆，美人清香随风发。

英姿飒爽：因杏鲍菇如立在冬雪里的女子，冰清傲骨，姿态帅气，故寓意为英姿飒爽。

◎物以稀为贵

紧抱素心傲风雨，平生清白持此身。

财源滚滚：「白菜」与「百财」谐音，故取名「财源滚滚」。

◎牡丹竞开颜

惟有牡丹真国色，花开时节动京城。

富贵吉祥：自古以来，牡丹就被作为富贵吉祥的象征。

◎金鳞闹东海

玉屏山前白鹭飞，雪花流水鳜鱼肥。

金玉满堂：「鱼」同「玉」谐音，黄鱼又俗称「大金条」，故寓意为金玉满堂。

◎牛儿雪中欢

玉屏草青牛正肥，牧儿唱歌牛载归。

勤勤恳恳，在中国传统文化中，牛象征着勤劳。

◎孔雀开玉屏

芳情雀艳若翠仙，飞凤玉凰下凡来。

炫彩多姿：孔雀开屏时炫彩夺目、姿态优美，故寓意为炫彩多姿。

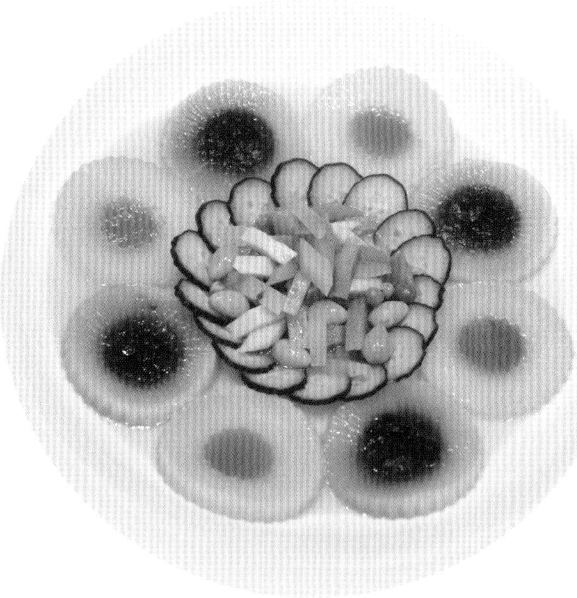

◎明月照福门

江天一色无纤尘，皎皎空中孤月轮。

五福临门：由银杏、竹荪、香菇、萝卜、紫薯五种有机时蔬组成，故取名为『五福临门』。

◎幸福满全家

衣丰食足盛世福，国泰民安合家欢。

阖家欢乐：合家团聚、美满幸福、吉祥如意。

◎雪花水中映

白雪却嫌春色晚，故穿庭树作飞花。

美丽纯洁：雪花象征纯洁和美丽，故寓意为美丽纯洁。

◎富贵聚满仓

冲天香阵透长安，满城尽带黄金甲。

财源广进：鼠自古就是吐财之物，是财神手中的瑞兽，故寓意为财源广进。

◎红梅裹银装

冰雪林中著此身，不同桃李混芳尘。

银光闪闪：大雪覆盖的红梅在阳光的照耀下闪闪发光，故寓意为银光闪闪。

◎丝丝情谊浓

绿叶细剥莺哥，羊脂白玉鲜羹。

福寿延绵：『面』与『绵』谐音，面又有长寿面之意，故名为『福寿延绵』。

玉屏雪花宴

雪霁初晴，循着汪琬的踪迹来玉屏踏雪寻梅，寒风挡不住的是闲情雅致，我们坚持的是朴实真情！时值冬日，研发团队借着雪花的情谊，用晶莹剔透的素心，汇成一桌焕新的文化宴，给玉屏客舍带来别样的生机！

玉屏梨花宴

陆绩清廉爱梨花，玉屏梨花创佳肴

“忽如一夜春风来，千树万树梨花开。”

正值春暖花开之际，正是梨花节开幕之前，江南文化主题宴研发团队特推出主题宴席——玉屏梨花宴。

从玉屏山坳穿过竹林，来到大石山脚下，第一眼就能看到一块大石头矗立在此，毕恭毕敬，正气凛然。这块大石头就是有着1700年历史的“廉石”。相传陆绩爱种植梨树，梨花象征着纯洁、清廉，后人为纪念陆绩，在大石山下种植了大片的梨树，“廉石”就在这片洁白无瑕的梨海之中。陆家后人整理出了陆绩在苏州家中爱吃的各道苏帮菜式，称“玉屏梨花宴”。

菜单

金猪送福	苏式叉烧肉
花开富贵	油爆基围虾
百花绽放	五彩青螺肉
梨花争艳	冷艳梨花雪
春暖花开	梨花香椿头
贵妃醉酒	红酒雪梨肉
梨花迎客	梨花河虾仁
含苞待放	包衣夹包肉
一树梨花	三春塘鳢片
大美树山	梨园手剥笋
粉妆玉砌	雪梨酱汁肉
心心相印	梨花青菜心
田园风光	早春嫩青头
硕果累累	三白醉狮头
梨田野鸭	苏式八宝鸭
梨花朵朵	香酥梨花糕
心中梨花	甜润梨花盅
满园春色	浆麦汁面条

◎苏式叉烧肉

人逢盛世情无限，猪拱华门岁有余。

金猪送福：因为猪是财富的象征，所以取名为『金猪送福』。

◎油爆基围虾

一夜东风吹雨过，满江新水长鱼虾。

花开富贵：因为菜肴整体造型像牡丹花，所以取名『花开富贵』。

◎五彩青螺肉

遥望洞庭山水翠，白银盘里一青螺。

百花绽放：螺肉的外形像一朵朵绽放的梨花，所以取名『百花绽放』。

◎冷艳梨花雪

水晶帘外娟娟月，梨花枝上层层雪。

梨花争艳：绿色的大地上开满了梨花，争抢着当最美丽的那朵。

◎梨花香椿头

嫩芽味美郁椿香，不比桑椹逊几芳。

春暖花开：香椿是早春的象征，春天到来，万物复苏，所以称『春暖花开』。

◎梨花河虾仁

他年若得蛟龙助，翻江倒海荡天涯。

梨花迎客：虾仁代表欢迎，有一种宾至如归的感觉，故取名『梨花迎客』。

◎**红酒雪梨肉**

白沙涨陆最宜果，万梨压树当高秋。

贵妃醉酒：白白的雪梨肉代表贵妃，故取名为『贵妃醉酒』。

◎包衣夹包肉

牛马成群勤致富，猪羊满圈乐生财。

含苞待放：因为单颗包肉的外形像即将盛开的梨花，故取名为『含苞待放』。

◎三春塘鳢片

漫野甜香黄菜花，三春一品塘鳢鱼。

——《七绝》聂凤乔（2000年）

一树梨花：塘鳢片的外形像一枝枝梨花，所以叫『一树梨花』。

◎梨园手剥笋

竹园笋出穿龙角，松树年深长鹤孙。

大美树山：一节节的小笋子叠加在一起，犹如一座大山，故取名为『大美树山』。

◎雪梨酱汁肉

林际已看春雉起，屋头还听岁猪鸣。

粉妆玉砌：雪梨肉像玉一样白嫩，中间被粉嫩的酱汁肉点缀着。

◎梨花青菜心

黄蝶似花花似蝶，柴门春尽满田春。

心心相印：梨花邂逅了菜心，故取名『心心相印』。

◎早春嫩青头

拨雪挑来叶转青，自删自煮作杯羹。

田园风光：食材来源于乡村，相辅相成，犹如一片自然的田园景象。

◎三白醉狮头

金脍玉斋惟吴门，太湖三白值万钱。

硕果累累：一颗颗『狮子头』犹如丰收的梨。

◎苏式八宝鸭

竹外桃花三两枝，春江水暖鸭先知。

梨田野鸭：鸭是来自梨园的散养鸭，八宝是糯米、豌豆、腊肠、冬笋、板栗、香菇、木耳、胡萝卜，故取名『苏式八宝鸭』。

◎香酥梨花糕

梨花淡白柳深青，柳絮飞时花满城。

梨花朵朵：糕的外形像一朵朵梨花，故取名『梨花朵朵』。

◎甜润梨花盅

忽如一夜春风来，千树万树梨花开。

心中梨花：梨中包裹着一朵朵形似梨花的银耳，故取名『心中梨花』。

◎浆麦汁面条

龙须苒袅三千尺，鹤算恒昌八百年。

——《七律·安溪长寿面》佚名（2013年）

满园春色：碧绿的荞麦面，预示着春的复苏，故取名「满园春色」。

玉屏梨花宴

“冷艳全欺雪，余香乍入衣。春风且莫定，吹向玉阶飞。”姑苏城外的梨花既有山水苏州的雅致，又有田园苏州的质朴，追溯陆绩的典故，投入玉屏梨花宴中，细嗅冷艳芬芳。

玉屏桃花宴

“吴门四家”春来游山，觅得桃花开

唐寅（1470—1524），字伯虎，后改字子畏，号六如居士、桃花庵主、鲁国唐生、逃禅仙吏等，长洲（今江苏苏州）人。明代著名画家、书法家、诗人。

唐寅16岁中苏州府试第一，入府读书。29岁时中应天府乡试第一（解元），次年入京参加会试。因弘治十二年（1499）科举案受牵连入狱，后被贬为吏，突发变故让唐寅丧失斗志，从此游荡江湖，沉溺于诗画之中，终成一代名画家。

唐寅对桃花有着特别的感悟，在经历了人生大起大落之后，于弘治十八年（1505）写下了《桃花庵歌》。正德二年（1507），唐寅用卖画的薄产加上朋友们的资助，终于在桃花坞修了几间草房，也就是“桃花庵”。他还在房屋四周种桃树数亩，自号“桃花庵主”。从此以后，唐寅真的达到了他那既无奈又令人神往的人生境界——“半醉半醒日复日，花落花开年复年”。正是在这里，诞生了一大批惊世流芳之作，而默默无闻的桃花庵也因这位“桃花庵主”而青史留名。

唐寅与沈周、吴宽为知交好友，绘画上与沈周、文徵明、仇英并称“吴门四家”，又称“明四家”。唐寅经常与他们纵情山水、饮酒赋诗。相传他们在游览太湖时，途经余杭山（今大阳山、玉屏山和真山一带），看见漫山桃花，就在当地村落中用桃花烹制了一桌山林佳肴，称“玉屏桃花宴”。

菜单

招财进宝	桃花细闻语
金玉满堂	春江海市长
鸿运当头	春风一片红
长寿多福	桃花红粉醉
冰清玉洁	碧绿映白玉
福禄双至	细雨桃花水
热烈欢迎	十里桃花迎
节节高升	翡翠百花酿
富贵吉祥	桃花酱汁肉
富贵有余	富贵桃花鱼
凤凰展翅	仙桃落花鸣
幸福美满	玉清白金钻
三星报喜	桃花戏三弄
有朋四海	四海八荒盅
携手并进	桃园三结义
福寿延绵	春色绿江南

◎**桃花细闻语**

人逢盛世情无限，猪拱华门岁有余。

招财进宝：在旧时，人们将猪称作『乌金』，谐音『屋金』，寓意为招财入户。

◎**春江海市长**

此时黄鱼最称美，风味绝胜长桥鲈。

金玉满堂：『鱼』同『玉』谐音，黄鱼又俗称『大金条』。

◎春风一片红

眠沙卧水自成群，曲岸残阳极浦云。

鸿运当头：因鹅顶为红头，所以寓意为「鸿运当头」。

◎桃花红粉醉

云影断来峰影出，林花落尽草花生。

长寿多福：花生俗称『长生果』，象征着长生不老。

◎碧绿映白玉

山药本为林下享，筠篮那得致兵厨。

冰清玉洁：山药白白嫩嫩的，像极了女子的纤纤臂弯，洁白无瑕。

◎细雨桃花水

晡日欲斜卿作咏，咏成依样画葫芦。

福禄双至：由于『葫芦』与『福禄』音同，代表着幸福与富贵。

◎十里桃花迎

龙卷鱼虾并雨落，人随鸡犬上墙眠。

热烈欢迎：苏州话『虾仁』谐音『欢迎』。

◎翡翠百花酿

无数春笋满林生，柴门密掩断人行。

节节高升：竹子又称『竹节』，一节比一节高，故名为『节节高升』。

◎桃花酱汁肉

林际已看春雉起，屋头还听岁猪鸣。

富贵吉祥：在中国传统文化里，猪外形富态，有富贵吉祥寓意，故名为『富贵吉祥』。

◎富贵桃花鱼

西塞山前白鹭飞，桃花流水鳜鱼肥。

富贵有余：鳜鱼代表大富大贵、年年有余。

◎仙桃落花鸣

飞来山上千寻塔，闻说鸡鸣见日升。

凤凰展翅：鸡俗称『凤凰』，凤凰象征展翅高飞，故名为『凤凰展翅』。

◎玉清白金钻

旋转磨上流琼液，煮月铛中滚雪花。

幸福美满：『腐』与『福』有相似的发音，在古代新年里做豆腐意味着收获幸福以及福气。

◎桃花戏三弄

菜之味兮不可轻，人无此味将何行？

三星报喜：将三种蔬菜比喻成「福」「禄」「寿」三星，所以寓意为三星报喜。

◎**四海八荒盅**

桃花春色暖先开，明媚谁人不看来。

有朋四海：四种原料代表四海，故取名『有朋四海』。

◎**桃园三结义**

东汉末年天象异，为安社稷三结义。

携手并进：因意为三兄弟携手共谱大业，故取名『携手并进』。

◎春色绿江南

龙须苒袅三千尺，鹤算恒昌八百年。

——《七律·安溪长寿面》佚名（2013年）

福寿延绵：『面』与『绵』谐音，面又有长寿面之意，故名为『福寿绵长』。

玉屏桃花宴

“桃花坞里桃花庵，桃花庵里桃花仙。桃花仙人种桃树，又折花枝当酒钱。”探寻着“吴门四家”的足迹，研发团队将春意制成醉人的桃花宴，祝有缘人春来游山觅得桃花开！

玉屏山泉宴

彭定求玉屏庆生，山泉宴流芳今朝

玉屏山又称玉遮山，山中有一汪泉眼，此泉无名，但泉水甘甜、清洌，顺着山崖落入泉内，形成一道瀑布。久而久之，村民将其命名为“玉屏山泉”。

据史料记载，彭定求祖父彭德先晚年看中玉屏山环境，“买地于玉遮山，更号曰玉遮山樵”。在彭定求13岁那年，彭德先决定为彭定求庆生。其间，有人问道：“听闻先生改号为玉遮山樵，又在此玉遮山为孙设宴，不知此次宴请可有名称？”彭德先笑称，并未想过取名之事。这时，13岁的彭定求向彭德先作了一揖，说道：“祖父，孙儿有想到一名，叫‘玉屏山泉宴’，既体现了祖父玉遮山樵的号，又将那一汪泉水正名。日后人们看见泉水，就可以联想到这次的玉屏山泉宴，何其壮哉！”至此，玉屏山泉宴就在当地流传了下来。

菜单

年年有余	葱香泉水鱼
前程远大	咸蛋黄鸭卷
扭转乾坤	香酥牛肉粒
勤勤恳恳	山泉泡绿芹
财源滚滚	荠菜炝马蹄
三星报喜	三丝卷腐衣
秉性刚强	明月石斛花
热烈欢迎	碧螺河虾仁
富贵吉祥	乌米酱汁肉
如鱼得水	瓜脯椰香鳕
吉庆有余	酥饺蜜汁鳗
金牛送福	鲜芦扒雪牛
万象更新	泉水山间蔬
幸福美满	手工松果酥
富贵平安	三鲜酱麦饺
福寿延绵	虾油金汤面

◎葱香泉水鱼

秋水澄清见发毛，锦鳞行处水纹摇。

年年有余：表示年年都非常富足有余。

◎咸蛋黄鸭卷

竹外桃花三两枝，春江水暖鸭先知。

前程远大：明清时，通过最高殿试后再分三级称三甲，一甲前三名分别称状元、榜眼、探花。“甲”与“鸭”谐音，故“鸭”寓意为科举之甲也。

◎香酥牛肉粒

门外一溪清见底，老翁牵牛饮溪水。

扭转乾坤：「牛」谐音「扭」，故取名「扭转乾坤」。

◎山泉泡绿芹

碧露玉叶婷婷伞，柔骨纤花施施然。

勤勤恳恳：芹菜寓意为勤奋、能干，芹菜的『芹』谐音『勤』。

◎荠菜炝马蹄

春季荸荠夏时藕，秋末茨菇冬芹菜。

——《苏州水八仙》韩树俊（2016年）

财源滚滚：因马蹄外形似元宝，故取名『财源滚滚』。

◎三丝卷腐衣

漉珠磨雪湿霏霏，炼作琼浆起素衣。

三星报喜：『三丝』代表『三星』，故取名『三星报喜』。

◎明月石斛花

石斛深山上壁崖，清香馥馥伴风吹。

秉性刚强：石斛花具有秉性刚强、祥和可亲的气质。

◎碧螺河虾仁

天寒水落鱼在泥，短钩画水如耕犁。

热烈欢迎：苏州话『虾仁』谐音『欢迎』。

◎乌米酱汁肉

林际已看春雉起，屋头还听岁猪鸣。

富贵吉祥：在中国传统文化里，猪外形富态，有富贵吉祥寓意，故名为『富贵吉祥』。

◎瓜脯椰香鳕

溪流渺渺净涟漪，鱼跃鱼潜乐自知。如鱼得水：象征工作和生活和谐美满、幸福自在。

◎酥饺蜜汁鳗

照日深红暖见鱼，连村绿暗晚藏乌。

吉庆有余：「鱼」「余」同音，故名为「吉庆有余」。

◎鲜芦扒雪牛

北原草青牛正肥，牧儿唱歌牛载归。

金牛送福：牛是勤劳致富的象征，会带来财富、福气，故取名『金牛送福』。

◎泉水山间蔬

岂如吾蜀富冬蔬，霜叶露牙寒更茁。

万象更新：碧绿的蔬菜，让人觉得出现了一番新气象。

◎手工松果酥

深夜月明松子落，俨然听法侍生公。

幸福美满：松仁果有着美好、幸运的祝福，希望对方能永远被幸运包围。

◎三鲜酱麦饺

俗客常笑撑船肚，知己方知腹中珍。

富贵平安：包饺子代表着包住福气祈求平安。

◎虾油金汤面

龙须苒袅三千尺，鹤算恒昌八百年。

——《七律·安溪长寿面》佚名（2013年）

福寿延绵：「面」与「绵」为谐音，面又有长寿面之意，故名为「福寿延绵」。

玉屏山泉宴

玉屏的山泉因彭定求而正名，研发团队继承了山泉宴的历史文化，整理还原了玉屏山泉宴。只听泉水淙淙，叹一句“山泉好风日，城市厌嚣尘”。漫步山间，品舌尖美味，让山泉宴留芳今朝！

苏作工匠宴

运河非遗传承，玉屏工匠美食

苏州素来以“山水秀丽、园林典雅”而闻名天下，而苏州非物质文化遗产尤以其历史悠久、品类齐全、技艺精湛得以在历史的长河中蜚声中外。一如苏州的古运河犹如玉带一般环绕着美丽的苏州古城，虽然仅为大运河的一条支流，却依旧荡漾在苏州人的内心。

江南文化主题宴的研发团队推出苏作工匠宴，既将历史文化和现代菜肴相融合，又把运河边苏州工匠们制作的非遗产品融入菜肴中，无缝对接、完美融合，充分展示厨房工匠们的创新理念、创意灵感和创作精神。中国的饮食文化博大精深，源远流长。“吃”并不仅仅是满足于生理需要，吃的文化已经超越了吃的本身，有了更为深刻的社会意义。用古寓吃今食，是我们传承非遗文化的一种表现。

菜单

物华天宝	鸡丝虫草	制扇技艺
精美绝伦	坛香四宝	苏式核雕
天工开物	虾子白肉	明式家具
满园秋意	蜂蜜南瓜	桃花坞画
巧手苏工	蜜汁松茸	苏绣技艺
锦绣江南	苹果什锦	宋锦织造
园林一景	珊瑚虾球	园林假山
匠心技艺	黄金蟹斗	核桃雕刻
手作檀香	富贵手卷	苏扇苏漆
苏韵古律	芙蓉三白	古琴琵琶
锦绣浮身	参酿冬瓜	苏绣缂丝
荷塘取物	水中仙蔬	吴中特产
风雅趣事	秋菊霓裳	抬凿錾刻
吴地书房	苏式点心	吴中景致
吴中艺苑	蕈油拌面	昆曲评弹

◎物华天宝 鸡丝虫草

青青之竹形兆直，妙华长竿纷实翼。

制扇技艺：苏州折扇、檀香扇、绢宫扇、纸团扇制作技艺的总称，以历史悠久、制作精巧著称。

◎**精美绝伦　坛香四宝**

渐台人散长弓射，初啖鳆鱼人未识。

苏式核雕：苏式核雕在技艺方面具有「小、巧、精、灵」的特点，给人以方寸之间天地阔的感觉。

◎天工开物　虾子白肉

一夜东风吹雨过，满江新水长鱼虾。

明式家具：明清两代是中国传统家具的黄金时期，所制家具造型优美，比例匀称，风格典雅，工艺精细严谨。

◎满园秋意 蜂蜜南瓜

桃花坞里桃花庵，桃花庵里桃花仙。

桃花坞画：桃花坞木版年画的印刷兼用着色和彩套版，构图对称、丰满，色彩绚丽，常以紫红色为主调表现欢乐气氛。

◎巧手苏工　蜜汁松茸

南陌东城尽舞儿，画金刺绣满罗衣。

苏绣技艺：苏绣起源于苏州，是四大名绣之一，国家非物质文化遗产，被誉为『东方明珠』。

◎锦绣江南　苹果什锦

锦瑟无端五十弦，一弦一柱思华年。

宋锦织造：因色泽华丽、图案精致、质地轻柔，被赋予中国『锦绣之冠』之名，与南京云锦、四川蜀锦、广西壮锦一起被誉为中国『四大名锦』。

◎园林一景　珊瑚虾球

居士高踪何处寻，居然城市有山林。

园林假山：苏州古典园林宅园合一，可观、可赏、可游、可居，具有『咫尺之内再造乾坤』的魅力。

◎匠心技艺　黄金蟹斗

不到庐山辜负目，不食螃蟹辜负腹。

核桃雕刻：苏式核雕无论是圆雕、浮雕还是镂空雕都表现出精致优雅的风韵，用刀或是犀利流畅，或是婉转细腻，内容包罗万象。

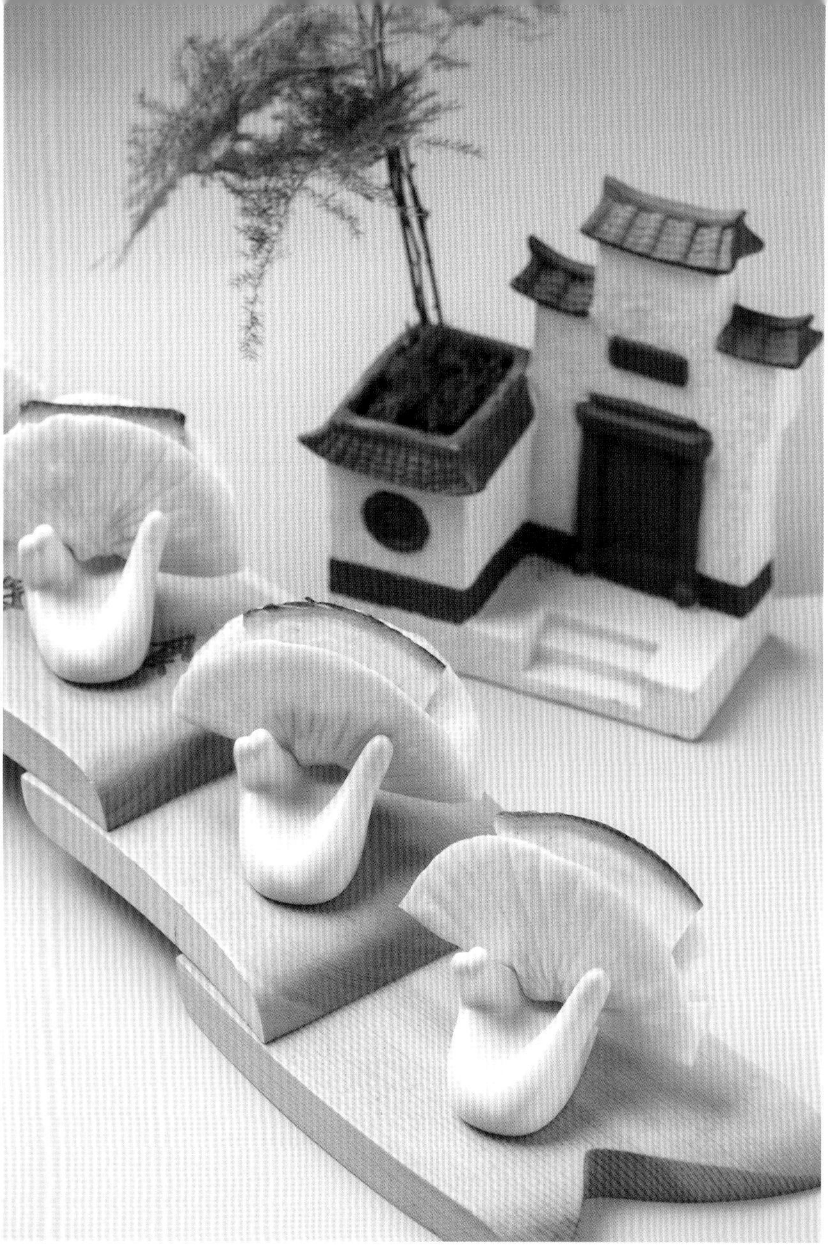

◎手作檀香　富贵手卷

银烛秋光冷画屏，轻罗小扇扑流萤。

苏扇苏漆：苏扇与江南文化有着特别的联系。每一把苏扇，都凝聚艺术与匠心，它们是时间流转中的经典，也是岁月中『艺匠』的诚恳专注。

◎苏韵古律　芙蓉三白

琵琶起舞换新声，总是关山旧别情。

古琴琵琶：自古以来，苏州的古琴文化高度发达，其制作工艺精良，式样典雅古朴，音色润净和匀，艺术魅力经久不衰。而琵琶被称为『弹拨乐器之王』，是拨弦鸣乐器，已有两千多年的历史。

◎锦绣浮身　参酿冬瓜

织为云外秋雁行，染作江南春水色。

苏绣缂丝：缂丝又名『刻丝』，是中国丝织业中最传统的一种挑经显纬的丝织品，极具装饰性，常有『一寸缂丝一寸金』和『织中之圣』的盛名。

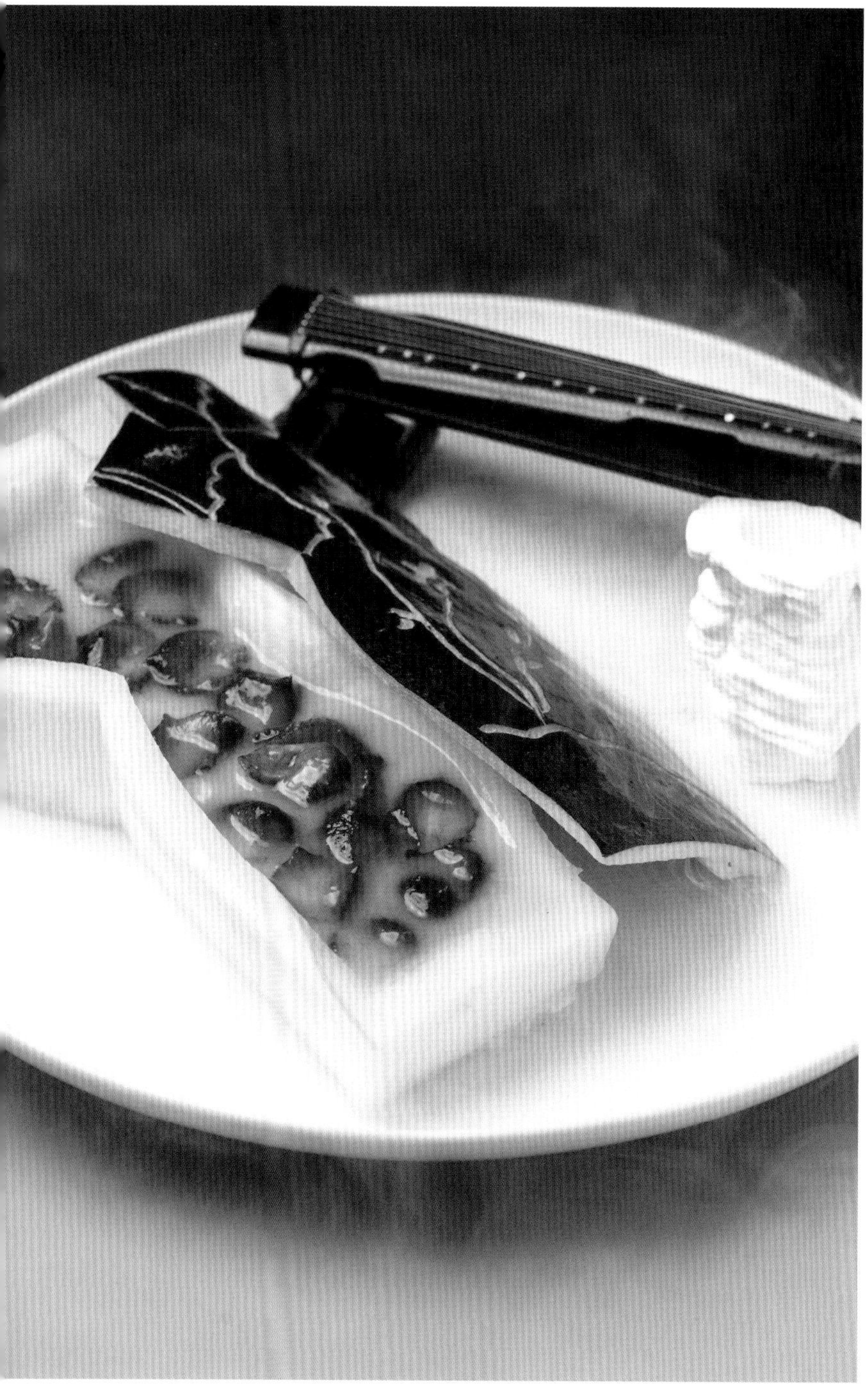

◎荷塘取物　水中仙蔬

春季荸荠夏时藕，秋末茨菇冬芹菜。

——《苏州水八仙》韩树俊（2016年）

吴中特产：吴中特产中的水八仙，包括茭白、莲藕、水芹、芡实（鸡头米）、慈姑、荸荠、莼菜、菱角八种水生植物的可食部分。

◎风雅趣事　秋菊霓裳

妙用无私无象，雕刻万形千状。

抬凿錾刻：「抬凿錾刻」这简单的四个字中却包含了三种手工技艺，抬凿、錾凿、雕刻。它在苏州传统民间工艺中堪称一绝。

◎吴地书房　苏式点心

正是江南好风景，落花时节又逢君。吴中景致：江南水乡有着借景为虚、造景为实的建筑风格，强调空间的开敞明晰，要求要有充实的文化氛围。

◎吴中艺苑　蕈油拌面

玉立亭亭追梦女，姗姗入梦牡丹亭。
——《七绝·观昆曲〈游园惊梦〉》佚名
（2018年）

昆曲评弹：昆曲，又名『昆山腔』『昆剧』，是发源于江苏苏州，流布于全国的传统剧种。『琵琶』二字中的『珏』意为『二玉相碰，发出悦耳碰击声』，表示这是一种以弹碰琴弦的方式发声的乐器。

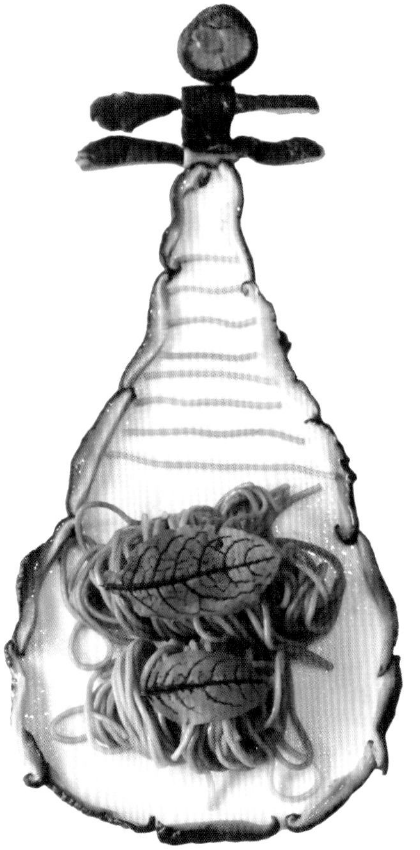

苏作工匠宴

非物质文化遗产是一个国家和民族历史文化成就的重要标志。它不仅对研究人类文明的演进具有重要意义，还对展现世界文化的多样性具有独特作用，是人类共同的文化财富。工匠精神则是一种精益求精、精雕细琢、追求完美、力争极致的精神。让我们用苏作工匠宴为运河周边的工匠们献礼，一起争做“传承人”。

姑苏十景宴

文伯仁绘《姑苏十景册》，玉屏创“姑苏十景宴”

“苏州”古称“姑苏”，素有“苏湖熟，天下足”的美誉。不仅有美不胜收的风景名胜，更有博大精深的饮食文化。

明代画家文伯仁绘制了《姑苏十景册》，描绘不同季节的苏州胜景，这套册页不仅意在描绘美景，也透过活泼的点景人物，暗示这些名胜背后发生的有趣故事，洋溢着朝气与活力。“姑苏十景”有春日里湖面波光粼粼的洞庭湖、游人络绎不绝的报恩寺，夏日里散发莹莹白光的虎丘塔、清凉舒适的沧浪亭，秋日里渡船穿梭的胥江、氤氲迷蒙的石湖、炊烟袅袅的枫桥，冬日里银装素裹的灵岩山、雪波千顷的邓尉山和精巧华丽的瑞光寺。

菜单

沧浪清夏	椰香木瓜冻
沧浪清夏	滋补山羊肉
沧浪清夏	功夫鱼香卷
沧浪清夏	火焰鹅肝酱
沧浪清夏	秘制泡青瓜
沧浪清夏	椒盐茶树菇
宝塔献瑞	埸菜鱼肚盅
灵岩雪霁	核桃味噌鳕
胥江竞渡	蟹黄银杏玉
石湖秋泛	秋葵山竹林
洞庭春色	酒香秘制虾
江村渔火	炭烤扇子骨
苏州春晓	笋丝烩金耳
虎丘月夜	船点凤巢酥
邓尉观梅	梅花黄金饭

“四大名园”之一的沧浪亭位于苏州姑苏区内，因感于“沧浪之水清兮，可以濯吾缨；沧浪之水浊兮，可以濯吾足”，宋代诗人苏舜钦将其题名沧浪亭。美食工匠们针对沧浪亭的草木茂盛、花窗点缀、复廊曲折、假山嶙峋等美景，制作美景、美食佳肴。

◎椰香木瓜冻

夜雨连明春水生，娇云浓暖弄阴晴。

沧浪清夏：木瓜去皮挖空，倒入椰奶冻制而成。

◎滋补山羊肉

堂堂百战平戎手，肯向沧浪把钓钩。

沧浪清夏：羊肉烧熟去骨，卷包好后切片。

◎功夫鱼香卷

沧浪亭下水连溪，影倒虚檐凤翅齐。

沧浪清夏：黑鱼去骨腌入味，包咸蛋黄，上笼蒸熟后切片。

◎火焰鹅肝酱

子美寄我沧浪吟，邀我共作沧浪篇。

沧浪清夏：山楂皮包入鹅肝酱捏成花形。

◎秘制泡青瓜

飞来皤冢横空翠，流出沧浪彻底清。

沧浪清夏：青瓜切厚片泡卤汁后切片。

◎椒盐茶树菇

只今唯有亭前水，曾识春风载酒人。

沧浪清夏：茶树菇撕成丝炸脆，拌香菜红椒。

◎塌菜鱼肚盅

菜把青青间药苗，豉香盐白自烹调。

宝塔献瑞：苏州城西南处有座名胜古迹名为『瑞光寺』。瑞光寺为三国东吴孙权为迎接西域康居国僧人而建。『塌菜』取自『塔菜』之谐音，有祥瑞之意。

◎核桃味噌鳕

响屧廊空香径微，千年往迹故应非。

灵岩雪霁：苏州西南的木渎有一座山，山上多有奇石，状如灵芝，故名『灵岩山』。用薄皮山核桃垒制成山体，佐以各式搭配，形似灵岩山。

◎蟹黄银杏玉

只有堤边杨柳树，年年长拂渡江人。

胥江竞渡：位于苏州姑苏区内的胥江，是公元前506年伍子胥主持开挖的人工运河。将菜品制作成船只模样，配以精致菜肴，犹如在胥江运河内扬帆起航。

◎秋葵山竹林

绿杨摇曳蘸湖波，鸥鹭频惊画舫过。

石湖秋泛：苏州西南处有一胜景名为『石湖』，故苏州旧有泛舟石湖赏月之风俗。湖光山色，荡舟小憩，意境顺然而生。秋葵口味独特，在香味中凸显脆嫩多汁的圆润口感，与山水意境不谋而合。

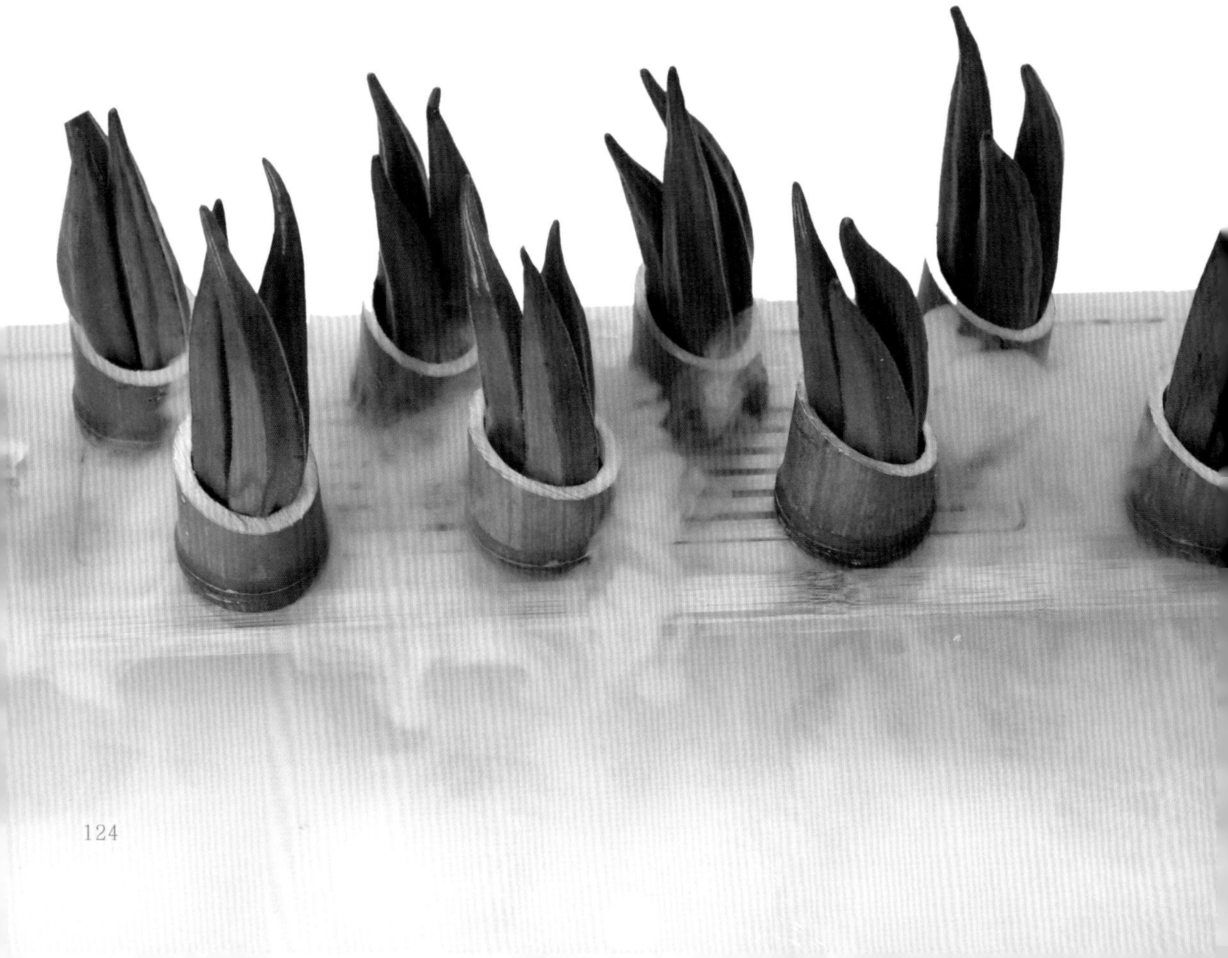

◎酒香秘制虾

遥望洞庭山水翠，白银盘里一青螺。

洞庭春色：苏州西南太湖国家旅游度假区内有一处山清水秀的好地方，名为『洞庭』。春风煦煦，荡起湖面波纹一片，泛舟洞庭湖中，美食应运而生。新鲜的大虾肉质饱满有弹性，虾壳有光泽，口感鲜香微甘配以秘制酱料，美味佳肴。

◎炭烤扇子骨

游园览景到枫桥，隔水寒山寺尚萧。
——《七绝·游枫桥景区》李祚忠（当代）

江村渔火：苏州西郊有一座古桥名为『枫桥』，附近有几处人家傍水而居。炊烟袅袅，尽是人间烟火气。美食工匠们选用新鲜、肉质饱满的猪扇子骨，配以特制酱料烤制而成，口味丰富香浓，口感弹韧，回味无穷。

◎笋丝烩金耳

苏城拔地九层浮，工匠思精八角修。

——《七律·苏州园林之七北寺塔》

蛟龙入海（现代）

苏城春晓：苏州姑苏区内有一座名寺，名为『报恩寺』，相传是东吴大帝孙仲谋为孝顺母亲所建。素食制作精细，仿形仿味逼真，可谓『一菜一世界，一味一人生』。

◎船点凤巢酥

丘如蹲虎占吴西，应得佳名故国时。

虎丘月夜：苏州城西北郊处有一名胜景点，名为『虎丘塔』。据《越绝书》记载，吴王夫差葬其父阖闾于虎丘，葬经三日，白虎踞其上，故名『虎丘山』。凤巢酥形如白虎踞其上的虎丘山。

◎梅花黄金饭

十年不到香雪海，梅花忆我我忆梅。

邓尉观梅：苏州吴中区光福附近有一处名胜古迹，名为『邓尉山』。邓尉山因东汉太尉邓禹曾隐居于此而得名，因此处有数十里的梅花海，一望无际，故山崖题字『香雪海』。将梅花干配以软糯的米饭，甜香可口。

姑苏十景宴

江南文化主题宴的研发团队被名画赋予灵感，将美景融入美食，根据明代画家文伯仁笔下描绘的苏州名胜《姑苏十景册》，特推出姑苏十景宴。姑苏十景宴不仅仅是一套盛宴，更是文旅融合的实际体现。文化是旅游的核心灵魂，旅游是文化的重要载体，文化和旅游从不曾分离。在如今，推动“文旅融合”发展更具有重要的现实意义。

运河十景宴

赏姑苏运河十景 品特色文化美食

2500多年前，古人一石一土开凿出世界上距离最长、规模最大的运河。作为3200公里运河线上的一颗明珠，千百年来，苏州不断被运河文化滋养着、浸润着。

江南文化主题宴研发团队倾力打造运河十景宴，充分展现了运河周边的姑苏美食文化。以菜为媒，深入挖掘运河内涵；文旅融合，体现运河菜肴文化。

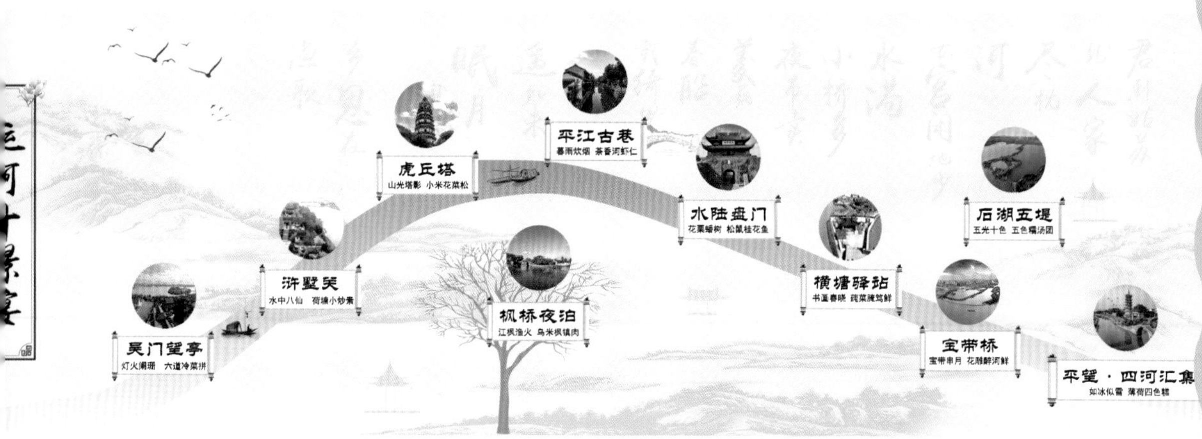

菜单

灯火阑珊	六道冷菜拼	吴门望亭
书画春晓	莼菜腌笃鲜	横塘驿站
暮雨炊烟	茶香河虾仁	平江古巷
宝带串月	花雕醉河鲜	宝带桥
水中八仙	荷塘小炒素	浒墅关
花栗蟠树	松鼠桂花鱼	水陆盘门
江枫渔火	乌米枫镇肉	枫桥夜泊
山光塔影	小米花菜松	虎丘塔
如冰似雪	薄荷四色糕	平望·四河汇集
五光十色	五色糯汤团	石湖五堤

◎灯火阑珊　六道冷菜拼

柳线绊船知不住，却教飞絮送依行。

吴门望亭

「灯火穿村市，笙歌上驿楼。」吴门望亭在千年的历史长河中，见证了稻作文化、良渚文化、崧泽文化、古驿文化，研发团队将四种文化融入美食，研制了六道冷菜佳肴，分别是使用陶器装盆的蜜汁浸白虾、造型似桥的黄豆冻蹄花、房子器皿装饰的苏式鲜鲞鱼、五谷杂粮制成的翡翠石榴包、街道模样的水乡腐衣卷、形似美玉的白玉山药糕。

◎书画春晓　莼菜腌笃鲜

年年送客横塘路，细雨垂杨系画船。

横塘驿站

以横塘驿站为代表的古代苏州驿站，素有『姑苏驿递南接行省，北抵大江，东南贡赋并两浙，闽海之供，悉由兹道，是以送往迎来，岁无虚日』之说。横塘驿站是京杭大运河沿线为数不多的水陆两用驿站，研发团队将陆上莴笋、冬笋以及咸肉搭配水中莼菜炖制成腌笃鲜，鲜香可口，如一江春水荡漾在味蕾之间！

◎暮雨炊烟　茶香河虾仁

宵泛平江灯炫眸，每逢佳处便勾留。

——《七律·游苏州平江古街》岐山闲人（当代）

平江古巷

堪称苏州古城缩影的平江古巷，是苏州现存最典型、最完整的古城历史文化保护区，是中国非物质文化遗产评弹、昆曲活态传承的重要载体。研发团队选用肉质饱满而有弹性的新鲜虾仁，搭配茶叶炒制，入口鲜香微甘，又泛出淡淡茗香。

◎宝带串月 花雕醉河鲜

宝带桥头鹊啄花，金阊门外柳藏鸦。

宝带桥

宝带桥是目前国内桥身最长、孔数最多的古代连拱石桥，桥身有53孔连缀，远观形似飘动在大运河上的一条宝带。研发团队使用多孔桥梁作为装饰，配上秘制酱料腌制的鲜蟹，制成一道美味佳肴，似是顽皮的河鲜在河中嬉戏。

◎水中八仙　荷塘小炒素

浒墅人家远树前，虎丘山色夕阳边。

浒墅关

浒墅关镇素有『江南要冲地，吴中活码头』之称，物阜民丰且有『昌阁风桅、龙华晚钟、浮桥夜月、渔庄夕照、南河榆荫、白荡菱歌、管山春眺、秦余积雪』组成的『浒墅八景』。研发团队借此与苏州传统美食『水八仙』进行关联，从荷塘取物，使用水芹、芡实、菱和荸荠等物炒制而成，搭配浒关草席进行装饰，清香四溢、口感鲜香。

◎花栗蟠树　松鼠桂花鱼

垂近姑苏特转湾，盘门只隔柳行间。

水陆盘门

据古籍记载，盘门古称蟠门。因门上曾悬有木制蟠龙以震慑越国，又因其「水陆相半，沿洄屈曲」，得今名。研发团队从「蟠」字中获取灵感，根据苏州历史上多有以鱼肉制美食的记载，将富含苏州特色的松鼠小桂鱼制成「蟠龙」模样，同时又有水陆的寓意，构思精巧。

◎江枫渔火　乌米枫镇肉

姑苏城外寒山寺，夜半钟声到客船。

枫桥夜泊

枫桥因诗而起、因河而兴，唐代张继夜泊枫桥挥就千古名诗，引得千百年来无数文人游子来到枫桥寻觅『江枫渔火』的美妙诗境。研发团队选用乾隆赐名的枫桥镇白汤大肉面中的白焖肉，进行秘制，搭配作为铺垫的乌米，喷香扑鼻，散发淡淡的羁旅之思。

◎**山光塔影　小米花菜松**

虎丘月色为谁好，娃宫花枝应自开。

虎丘塔

据《苏州府志》记载，茶圣陆羽于晚年在虎丘山上挖筑一口石井，称为『陆羽泉』。借此为山光塔影，犹如白玉卧虎。历史的长河中，虎丘塔始终屹立不倒。研发团队将花菜蘸取小米进行制作，将花菜化作虎丘塔，小米化为塔身的金光，入口咸甜可口，滋味尽在其中。

◎如冰似雪　薄荷四色糕

夜来微雪晓还晴，平望维舟嫩月生。

平望·四河汇集

京杭大运河自平望向南到钱塘一分为三，与太浦河纵轴交汇，形成了四河汇集，且流传有乾隆皇帝南巡时，品尝了如冰似雪的薄荷糕，赐名『冰雪糕』的说法。研发团队从中提取灵感，制成四种苏式传统糕点，分别是搭配薄荷馅的薄荷糕、莲蓉馅的玫瑰糕、豆沙馅的塌饼、豇豆糯米馅的豇豆饼，一篮四色，风味十足。

◎五光十色　五色糯汤团

石湖烟水望中迷，湖上花深鸟乱啼。

石湖五堤

『吴郡山水近治可游者，惟石湖为最。』石湖上有吴堤、越堤、石堤、杨堤和范堤五条堤坝横卧水面，夜幕降临显得湖面五光十色。研发团队使用糯米粉制成五色汤圆，每颗汤圆都包裹不同的馅心，配合桥形的装饰，形似石湖五堤。

运河十景宴

江南文化主题宴研发团队将“运河”作为一种饮食文化符号，以“运”字为意，进行跨区域的交流、遵循、创造，将时代变迁中的“物”与“情”相互交融，旨在唤醒和传承记忆中的运河故事，让运河文化流经人们的生活、浸润人们的味蕾！

江南文化宴

日出江花红胜火，春来江水绿如蓝

“江南好，风景旧曾谙。日出江花红胜火，春来江水绿如蓝。能不忆江南？”江南就像一个摇篮，孕育出了独特的江南情怀，丰富的内蕴也孕育出了多姿多彩的饮食文化。白墙青瓦、小桥流水、吴侬软语，别有一派恬静内秀的韵味。

菜单

烟雨江南	芝麻香熏整塘
人间四月	海清派白斩鸡
水绿如蓝	啤酒醉黄泥螺
繁花似锦	百叶卷马兰头
山水墨染	荠菜热炝鲜笋
绿肥红瘦	桂花糯米糖藕
好雨时节	明前碧螺虾仁
粉墙黛瓦	古法酒酿鲥鱼
烟花三月	冬虫草狮子头
荷塘月色	荷泥香叫花鸡
春意盎然	雪芽樱花春笋
浮光掠影	金汤鼎味蒲菜
湖光山色	砂锅天目鱼头
吴侬细语	田枣蓉南瓜酥
柳暗花明	翡翠玲珑白玉
水泛轻舟	三丝刀鱼馄饨

◎烟雨江南　芝麻香熏整塘

春风起兮佳景时，酒甘泉滑塘鳢肥。

苏州向来就有菜花时节吃塘鳢鱼的说法。鱼贵鲜也重肥，塘鳢鱼既鲜又肥。研发团队选用肉质雪白而细腻的新鲜塘鳢鱼，再使用创新的做法进行制作，使外观红润，口感肥嫩酥香。

◎人间四月　海清派白斩鸡

凤凰何少尔何多，啄尽人间千万石。

“说起白斩鸡，要数小绍兴。”上海浦东一带盛产“三黄鸡”，皮黄柔白，肥嫩鲜美，滋味异常鲜美，十分可口。研发团队将之佐以姜蓉、酱油食之，既保持了鸡肉的鲜美和原汁原味，又别具一番风味。

◎水绿如蓝　啤酒醉黄泥螺

次第春糟土冰储，舟移万瓮入姑胥。

据明万历《温州府志》记载：『吐铁一名泥螺，俗名泥狮，岁时衔以沙，沙黑似铁至桃花时铁始吐尽。』研发团队选用完整的、肉质肥厚的黄泥螺，进行盐浸、冲洗、腌制，待腌制期到，再使用啤酒进行加料制作，其味香甜脆嫩，咸中藏鲜，风味独特。

◎繁花似锦　百叶卷马兰头

香椿荠菜马兰头，又啖儿时吮指馐。

霏雨纷纷的清明时节，马兰头是不容错过的传统菜色。山野铺锦叠绣，梅花桃花次第开放，正是品味春意的好时光。研发团队选用醇香的百叶，包裹鲜嫩的马兰头，清幽舒鼻，而入口又带有丝丝清凉，仿佛周身都沾染了『春意』。

◎山水墨染　荠菜热炝鲜笋

长江绕郭知鱼美，好竹连山觉笋香。正所谓『尝鲜无不道春笋』，将笋去皮，只保留最鲜嫩的部位进行热炝，放凉后撒上荠菜，爽滑的春笋搭配荠菜，看上去青青白白。此时细嚼慢咽春笋，可尝出清香和甘醇来，嫩而无渣且带甜，鲜嫩可口，香气扑鼻！

◎绿肥红瘦　桂花糯米糖藕

翠房分药莲须褪，玉藕抽丝暑叶摇。

『江南可采莲，莲叶何田田。』沐浴了近2500年的江南烟雨，水巷纵横，湖泊棋布，得天独厚的自然条件，使得江南人能够挖掘出品质上乘的莲藕。研发团队将藕节中灌满糯米，焐热后，浇上用桂花卤煮成的桂花糖浆，开胃清热，滋补养性。从清脆可口化为软糯香甜，突显的是独特的姑苏风味。

◎好雨时节　明前碧螺虾仁

须舞刀挥勇向前，困时即在草边眠。

——《画虾诗》邓清泉（2008年）

碧螺虾仁是一道具有苏州风味的美食佳肴，研发团队选用清明前夕的碧螺春茶进行制作，使得色香味形并臻佳妙。沏好一杯碧螺春茶，将新鲜的虾仁放入锅中进行炒制，待虾仁呈乳白色时，倒入碧螺春茶汁再次回锅烹制，虾仁莹白饱满，成菜口感清淡爽口、色泽素雅，品一口甜丝丝、清香香，鲜嫩弹牙。

◎粉墙黛瓦　古法酒酿鲥鱼

鲥鱼出网蔽洲渚，荻笋肥甘胜牛乳。

多有文人感慨『恨鲥鱼多刺』。踏青时节，鲥鱼丰腴、鲜嫩。研发团队寻到古法，将保有鳞片的鲥鱼进行腌制，将冬笋片、火腿片、冬菇片依次塞入鱼肚，将鱼放在垫了葱姜蒜的盘子里，淋上秘制酱料进行蒸制，出笼后的鲥鱼酒香四溢，色泽洁白，鲜嫩味美。

◎烟花三月　冬虫草狮子头

却将一脔配两蟹，世间真有扬州鹤。

“金戈铁马将相侯，深宫似海望朱楼。又是长安月明夜，最忆江南狮子头。”研发团队选用品质上乘的五花肉进行斩制，使得肉圆肥而不腻，再配上性质平和的虫草进行炖制，在火候的掌握中，肉圆中的油脂自然溢出，使得肉质肥嫩异常，汤汁鲜而不腻。

◎荷塘月色　荷泥香叫花鸡

深山月黑风雨夜，欲近晓天啼一声。

细数江南名吃，常熟的叫花鸡多有渊源。研发团队在传统之上进行秘制，取荷叶数张，黄泥足量，新鲜土鸡一只，刷上浓郁酱汁，在篝火上烤制。打开泥壳，满屋飘香，入口酥烂肥嫩，风味独特。

◎春意盎然　雪芽樱花春笋

无数春笋满林生，柴门密掩断人行。三月春风送温暖，雪芽春笋味无穷。

初春的雪芽脆而爽口，春笋清淡鲜嫩，两者搭配营养丰富，还富有充足水分。研发团队将菜肴调味得咸淡适宜，使得整道菜肴清新中带着浓郁的香味，十分爽口。

◎浮光掠影　金汤鼎味蒲菜

菜把青青间药苗，豉香盐白自烹调。明朝顾过诗曰：「一箸脆思蒲菜嫩，满盘鲜忆鲤鱼香。」研发团队甄选香蒲嫩茎，将形似茭白、味似笋的蒲菜投入秘制的浓汤中入味。清香爽口，嫩脆若笋，风味独特，营养丰富。

◎湖光山色　砂锅天目鱼头

天目深邃鉴一湖，鳙鱼细腻砂锅煮。

——《天目湖砂锅鱼头》西蜀耀仙（当代）

“鲜而不腥，肥而不腻”是砂锅天目鱼头的菜品特色。研发团队从水质纯净清澈无污染的湖中，选取体大壮实、肉质细腻的鲜鱼，取鱼头，在文火上煨煮三小时以上，撇去浮油水，一道白里透红、细嫩无比、鲜美绝伦的砂锅煨鱼头就制成了，汤色如乳，鱼肉白里透红，细嫩似豆花，肥而不腻，美妙绝伦。

◎吴侬细语　田枣蓉南瓜酥

金黄灿灿天雕琢，万千宝藏地收获。春光无限好，瓜是老来红。研发团队将老南瓜去皮蒸熟，混入面粉、熟猪油，用老练的手艺制成『直酥』皮，再裹入红色的枣泥馅心，使得酥层清晰，皮香酥脆，馅软甜香，南瓜香味浓郁。

◎柳暗花明　翡翠玲珑白玉

为有白雪临冬日，一席青菜绿油油。

——里许（2018年）

饺子原名『娇耳』。研发团队通过精巧的手艺，将传统的『娇耳』制成形状似青菜的三鲜虾仁翡翠玲珑饺，颗颗晶莹饱满，咬一口肉汁四溢，富有田园诗意。

◎水泛轻舟　三丝刀鱼馄饨

已见杨花扑扑飞，鲎鱼江上正鲜肥。

民谚有云：『明前鱼骨软如绵，明后鱼骨硬似铁。』苏城的春风里，夹杂着一丝香甜之气。在这时节，有一份『春馔妙物』——刀鱼馄饨，引得人们食指大动、垂涎欲滴。每年三月，是刀鱼肥美的季节。春水潋滟，正在洄游的刀鱼，成为味蕾上一抹跳跃的春色。经验老到的研发团队，经过去鳞剔骨，于手起刀落间，将鱼肉完整片下，手打成质地精细、纤维分明的鱼糜，以猪油提香，制成一枚枚久煮不破的馄饨，体现食物原汁原味的鲜味。

江南文化宴

江南文化主题宴研发团队将温婉如玉的江南，绘成了一篇诗情画意的卷轴，谱写了一曲让人流连忘返的赞歌，造就了一桌舌尖上的江南文化宴。

沉浸式江南文化主题宴

昆宴

近年来，“沉浸式戏剧”“剧本杀”等新兴娱乐体验呈现出快速发展势头，颇得各个群体的喜爱。“沉浸式戏剧”打破了传统戏剧演员在台上、观众在台下的观演方式，观众可以从各个角度完全融入戏剧环境，全方位体验戏剧表演艺术的魅力。

苏州市职业大学教育与人文学院、兰芽曲苑、苏州市玉屏客舍会议中心研发团队三方合作推出原创作品“江南文化主题宴——昆宴”。将“餐饮”与“沉浸式戏剧”完美结合，把用餐过程融入剧情之中，宾客在享用一套沉浸式江南文化主题宴的同时，一同唱一曲昆剧，走两步明清时代的小碎步，穿一件汉服，玩一次“剧本杀”，感受一次不一样的美食之旅，带给客户多一层的味觉体验。

玉屏昆宴
普天乐 迎客小苏点
水龙吟 金龙色拉拼
水仙子 莼菜鱼丸汤
桂枝香

菜单

【普天乐】迎客小苏点

【水龙吟】金龙色拉拼

【水仙子】莼菜鱼丸汤

【桂枝香】桃花稻香肉

【醉扶归】八仙熟醉蟹

【赏花时】牡丹桂花鱼

【千秋岁】香拌奥灶面

【满庭芳】鲜果时令盏

一曲《游园惊梦》开场引客进厅。

“画廊金粉半零星，池馆苍苔一片青，踏草怕泥新绣袜，惜花疼煞小金铃。不到园林，怎知春色如许？”

【普天乐】迎客小苏点

苏州小吃讲究的是精致小巧，而今一道点心都极其用心。一溪穿镇而过，夹岸桃李纷披。这些独具江南风味的传统美食，袜底酥、芡实糕、酒酿饼……它们透过您的舌尖，温暖您的心灵。

【水龙吟】金龙色拉拼

金龙色拉搭配苏式油爆虾，一个创意的组合。金龙色拉是由新鲜细腻的土豆泥制作而成。虾代表“欢迎”，是道地道的苏州本帮菜，一只只虾带着被爆得脆脆薄薄的壳，虾肉鲜甜，吃起来一点也不油腻。

【水仙子】莼菜鱼丸汤

听一曲《长生殿》，走两步小碎步：“春色撩人，爱花风如扇，柳烟成阵。行过处，辨不出紫陌红尘。”

透过这柳烟看，鱼丸像一朵朵花开在碗中央，莼菜像一枚枚茶叶半舒卷，充满了人间天堂的闲适。这样一味汤，若是用来开胃，无疑是绝佳的。

【桂枝香】桃花稻香肉

稻香肉的肉身是用稻草紧实地缠绕两圈，再放入锅中烹煮的，这样既得了稻草的香气，又能装饰肉身，使其多一份儒雅气质。如用筷子挑住稻草，肉块就轻松落入碗中。肉在口中渐渐化开，肉香、酱香、稻香交糅在一起，却又各自独立，肉软糯香醇却又韧脆爽口。“应有娇羞人面，映着他桃树红妍。”这盘稻香肉底下正是李香君与侯方域定情的桃花扇，搭配昆曲名剧《桃花扇》一同品尝正合时宜。

【醉扶归】八仙熟醉蟹

研发团队用水中八仙，分别是茭白、莲藕、水芹、芡实（鸡头米）、慈姑、荸荠、莼菜、菱角烧熟，用荷花点缀，成了餐桌上的美味，旁边的醉蟹就像是从水中出来偷看一般，模样甚是可爱。

【赏花时】牡丹桂花鱼

牡丹桂鱼，肉质细嫩，极易消化，鱼呈牡丹花型，是谓“牡丹桂鱼”。昆曲中有一部名剧，名为《牡丹亭》，一个唱响千年的名字，一首唱响了爱情的高歌！大家在品尝美味佳肴的同时，一同欣赏传统戏曲《牡丹亭》。“沉鱼落雁鸟惊喧，羞花闭月花愁颤。”杜丽娘天生丽质而又多愁善感，她在豆蔻年华邂逅了她的情郎柳梦梅。大概最美的年华，也只是因为遇到了最爱的人。

【千秋岁】香拌奥灶面

苏州奥灶面是苏州城家喻户晓的食物。奥灶面有“奥妙全在灶里”之意，通常我们所见的奥灶面是以汤面的形式呈现，但这次工匠们别出心裁，创意地将汤面制作成拌面，面条密密匝匝、劲道爽口。奥灶面奥妙至极，醇厚而有深度，不花里胡哨，但有实打实的匠心，平凡中见其真功夫。

【满庭芳】鲜果时令盏

这盘色泽搭配精美的水果拼盘是当季的时令水果，香甜的果汁能滋养身心。

美食讲究“色香味”俱全，“色”字居首位，而苏式绿豆汤就把这个“色”演绎得淋漓尽致。苏式绿豆汤无疑是苏州人儿时的味道。红绿丝、糯米、绿豆、百合、蜜枣、葡萄干……就着凉到心坎的薄荷水，是苏州人最好的甜品。

一曲《游园惊梦》带您回味“江南文化主题宴——昆宴”的意境。

“原来姹紫嫣红开遍，似这般都付与断井颓垣。良辰美景奈何天，赏心乐事谁家院！”

长桌照

分桌照

后记

玉屏山，位于苏州高新区的太湖之滨，历来有卧牛峰、读书台、仙人洞、千步街、洗砚池和百丈崖等十景，孕育了许多美丽的传说和神奇的故事。玉屏山历来是文人墨客挥毫雅集的心仪之所，是饱学之士集思广益的灵感源泉，亦是旅居“驴友”放松心灵的情感驿站。苏州市玉屏客舍会议中心就雅居于山峦之间，风景秀美，建筑优雅，是镶嵌在玉屏山中的一颗璀璨明珠。她以精致而热情的服务，给来访宾客留下了美好的印象。

自我担任苏州市玉屏客舍会议中心总经理开始，就一直有创作文化主题宴的设想，并开始带领团队研发，在完成的基础上编写了本书。本书共囊括了研发团队精心打造的十套文化主题宴，每套盛宴均融入了当地的历史文化、民间传说和传奇故事等人文元素，是历史文化与现代传承的完美结合，亦是研发团队集体智慧和精湛厨艺的最高诠释。

这十套具有江南文化传承、苏帮菜系特色的文化盛宴美不胜收，集色、香、味、形、情、文于一体。一是以明朝著名的文学家、书法家王穉登和“秦淮八艳”之一马湘兰的爱情故事为主线，研发设计的“太湖晴霓宴”。立足于太湖文化所代表的“天人合一”的审美意识、文化理念，对餐具、菜点和台面布置等进行综合设计，使人用餐时仿佛置身于山水湖色之中。二是受元代著名画家朱泽民的《秀野轩图卷》启发，挖掘推出了“秀野轩”主人周君景宴请明代状元吴宽等文人墨客所用的宴席“玉屏秀野宴”，其菜肴以美味精致，乡野特色见长。三是以清初“散文三大家”之一的汪琬为历史背景，设计推出了“玉屏雪花宴”。四是以著名廉吏陆绩及“廉石”为故事，制作推出了“玉屏梨花宴”。五是以自称“桃花庵主”的唐寅和沈周、文徵明、仇英交往的情景，演绎了“明四家”的一段传奇故事，创作研发了“玉屏桃花宴”。六是以清朝状元彭定求祖父“玉遮山樵”彭德先为“玉屏山泉”正名的民间传说，创作推出了“玉屏山泉宴”。七是以“工匠精神”为主线，运用大运河非物质文化遗产素材与苏帮菜肴相结合的手法，研发创作了“苏作工匠宴”。八是以明代画家文伯仁绘制的《姑苏十景册》为依据，创新推出了“姑苏十景宴”。玉屏美食工匠们被名画赋予灵感，将美景融入美食，是文旅融合的实际体现。九是以“运河十景”为依托，制作推出了“运河十景宴”，以菜为媒，深入挖掘运河内涵；文旅融合，体现运河菜肴美食文化。十是以“江南文化”为主线，研发推出了“江南文化宴”。此宴以苏帮菜风味为主，用料考究，制作精细，追求本味，清鲜平和，形质兼美。十大主题宴有三套宴席分别获得“中国名宴”“苏州十桌宴”和“名厨大赛金奖”，部分菜肴获得“创意奖”称号。研发团队推出的这十套主题宴，充分体现了苏州文化文脉相承、文旅融合的特点，为擦亮江南特色旅游文化名片做出了自己的贡献。

此外，为不断精心打造特色旅游酒店、创新文化餐饮品牌，2021年6月，我们与苏州市职业大学教育与人文学院携手推出了一套沉浸式“江南文化主题宴——昆宴”，把“沉浸式戏剧”“剧本杀”等新兴娱乐体验融入餐饮中，对餐厅、音乐、餐具、菜肴、酒水、茶点、服饰和台面布局等进行精心设计，使人恍如置身于戏剧情境之中，并采用分餐的形式，请客人参与表演，融入剧情。有主线、有故事、有参与，全方位体验戏剧表演艺术的魅力和文化特色餐饮的亮点，给人以高层次饮食文化艺术享受，收获了一致好评。

我们付出如此努力，旨在通过多种形式展示江南艺术、姑苏文化以及大运河非遗等文化特色，让更多人了解江南餐饮文化。今后我们也将在挖掘江南文化特色、研发姑苏美食亮点、创新文旅融合体验上继续努力，不断创新打造出更多更好的文化盛宴奉献给广大宾客！

此书的出版，得到了苏州市职业大学及社会各界友人的支持和助力。在此，我谨代表江南文化主题宴研发团队的全体工作人员向大家表示衷心感谢！同时也感谢我们研发团队的孜孜追求和不懈努力！书中如有不足之处，敬请各位读者谅解。

袁伟放

江苏省旅游星级饭店星评员

高级职业经理人

苏州市职业大学客座教授

苏州市会议中心酒店管理公司副总经理

苏州市玉屏客舍会议中心有限公司总经理

2021年8月